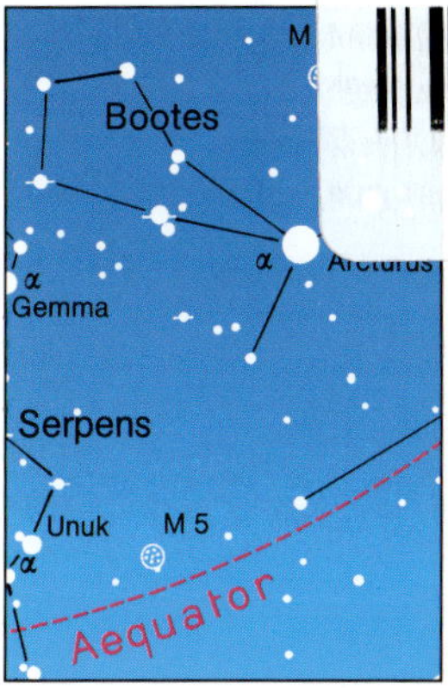

In der Reihe »BLV Naturführer« sind erschienen:

Alpenblumen
Bach · Fluss · See
Bäume und Sträucher
Fische
Greifvögel und Eulen
Heilpflanzen
Heimische Pflanzen
Insekten
Käfer
Mineralien, Gesteine
Moose, Farne und Flechten
Muscheln und Schnecken
Pflanzen und Tiere des Waldes
Pilze
Schmetterlinge
Singvögel
Spuren und Fährten unserer Tiere
Sterne und Sternbilder
Strand und Wattenmeer
Tagfalter
Tiere in Wald und Flur
Tierkinder
Unsere schönsten Wildpflanzen
Versteinerungen
Vögel
Vögel am Futterhaus
Wald- und Parkbäume
Wasservögel und Strandvögel
Wolkenbilder, Wettervorhersage

Weitere »BLV Naturführer« sind in Vorbereitung.

Günter D. Roth

Sterne und Sternbilder

Die wichtigsten Sternbilder des Nord- und Südhimmels

blv

Bibliografische Information Der Deutschen Bibliothek
Die Deutsche Bibliothek verzeichnet diese Publikation in der Deutschen Nationalbibliografie; detaillierte bibliografische Daten sind im Internet über http://dnb.ddb.de abrufbar.

BLV Buchverlag GmbH & Co. KG
80797 München

9., durchgesehene Auflage

BLV Naturführer

Lektorat: Dr. Friedrich Kögel
Umschlaggestaltung: Studio Schübel, München

Gedruckt auf chlorfrei gebleichtem Papier

Printed in Germany

ISBN-10: 3-8354-0111-4
ISBN-13: 978-3-8354-0111-2

Tabelle zum Auffinden der richtigen Sternkarte für 45° Nordbreite
(Zeitangaben in MEZ = Mitteleuropäische Zeit; MESZ = MEZ + 1 h)

	16 h	17 h	18 h	19 h	20 h	21 h	22 h	23 h	24 h
Anfang Jan.			S. 60				S. 50		
Mitte Jan.		S. 60				S. 50			
Anfang Febr.	S. 60				S. 50				S. 52
Mitte Febr.				S. 50				S. 52	
Anfang März			S. 50				S. 52		
Mitte März		S. 50				S. 52			
Anfang April	S. 50				S. 52				S. 54
Mitte April				S. 52				S. 54	
Anfang Mai			S. 52				S. 54		
Mitte Mai		S. 52				S. 54			
Anfang Juni	S. 52				S. 54				S. 56
Mitte Juni				S. 54				S. 56	
Anfang Juli			S. 54				S. 56		
Mitte Juli		S. 54				S. 56			
Anfang Aug.	S. 54				S. 56				S. 58
Mitte Aug.				S. 56				S. 58	
Anfang Sept.			S. 56				S. 58		
Mitte Sept.		S. 56				S. 58			
Anfang Okt.	S. 56				S. 58				S. 60
Mitte Okt.				S. 58				S. 60	
Anfang Nov.			S. 58				S. 60		
Mitte Nov.		S. 58				S. 60			
Anfang Dez.	S. 58				S. 60				S. 50
Mitte Dez.				S. 60				S. 50	

Inhalt

Einführung — 6

Warum gehen in jeder Nacht die Sterne auf und unter? 6
Warum ändert sich der Anblick des Sternenhimmels im Verlauf eines Jahres? 6
Warum ist die Sichtbarkeit der Sterne abhängig von der geographischen Breite? 8
Die Zeit und die Beobachtung der Sterne 9
Die Dämmerung und »Weiße Nächte« 10
Die Sterne, ihre Namen, ihre Helligkeit 11
Optische Hilfsmittel: Feldstecher und Fernrohr 13

Orientierung am Nachthimmel — 14

Nördlicher Himmelspol 14
Südlicher Himmelspol 22
Himmelsäquator 30

Sternkarten — 38

60° Nordbreite 38
45° Nordbreite 50
20° Nordbreite 62
20° Südbreite 74
40° Südbreite 86
60° Südbreite 98

Interessante Himmelsobjekte — 110

Beobachtung von Sonne, Mond und Planeten 110
Die Milchstraße 112
Offene Sternhaufen 114
Kugelsternhaufen 115
Galaktische Gas- und Staubnebel 117
Planetarische Nebel 120
Extragalaktische Nebel 121

Literatur für Sternfreunde und Adressen — 124

Register — 126

Erklärung der auf den Sternkarten verwendeten Symbole:

Z = Zenit, N = Himmelsnordpol, S = Himmelssüdpol.
Karten und Beschreibungen sind angeordnet nach Breitengraden und innerhalb dieser gegliedert nach Monaten und Uhrzeiten (vgl. Tabelle links). Zu jeder Sternkarte werden ein »ausgewähltes Sternbild« sowie ein »Objekt für den Feldstecher und das kleine Fernrohr« vorgestellt, die auf der linken Randspalte als Grafik bzw. Foto abgebildet sind.

Größenklassen der Sterne

$0^m.0$ $1^m.0$ $2^m.0$ $3^m.0$ $4^m.0$ $5^m.0$ Doppelstern | veränderlicher Stern | Doppel- u. veränderlicher Stern | offener Sternhaufen | Kugelsternhaufen | Nebel

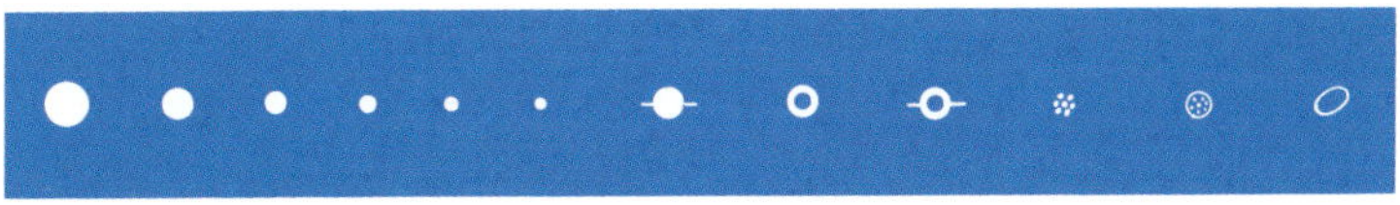

Einführung

Warum gehen in jeder Nacht Sterne auf und unter?

Ursache dafür ist die tägliche Achsendrehung der Erde. Nord- und Südpol sind die beiden Punkte der Erdachse, die mit der Oberfläche der Erde zusammentreffen. Das läßt sich gedanklich in den Weltraum übertragen: die Erdachse wird zur Achse der Himmelskugel mit Himmelsnordpol und Himmelssüdpol. Es sind die beiden Drehpunkte, um die die Sterne ihre scheinbare tägliche Bewegung vollführen.

▷ Von einem Beobachtungsort auf der Erde aus ist immer nur ein Himmelspol über dem Horizont. Am Erdäquator sind beide Himmelspole auf dem Horizont.
Von der Nordhemisphäre der Erde aus kann der Himmelsnordpol beobachtet werden; von der Südhemisphäre der Erde der Himmelssüdpol.

▷ Auf der Nordhemisphäre der Erde entspricht der Drehsinn der Sternbewegung einer Bewegung von links nach rechts (von Ost nach West bei Blickrichtung Süd). Auf der Südhemisphäre der Erde entspricht der Drehsinn der Sternbewegung einer Bewegung von rechts nach links (von Ost nach West bei Blickrichtung Nord).
Am Erdäquator gehen alle Sterne senkrecht zum Horizont auf. Je weiter sich der Beobachter vom Erdäquator entfernt, um so flacher wird der Winkel, den die Sterne beim Auf- und Untergang mit dem Horizont bilden. Am Nord- oder Südpol der Erde bewegen sich alle sichtbaren Sterne in Kreisen parallel zum Horizont.

Zur Ortsbestimmung auf der Erde und am Himmel dient das äquatoriale Gradnetz:

Geographische Breite und Länge auf der Erde, Deklination und Rektaszension am Himmel.
Der Himmelsäquator trennt, wie der Erdäquator, die nördliche Himmelssphäre von der südlichen. Der Himmelsäquator steht, genauso wie der Erdäquator, um jeweils 90° vom Himmelsnordpol und vom Himmelssüdpol ab.

▷ Auf dem Erdäquator werden alle Sterne für den Beobachter einmal sichtbar. Sterne, die auf dem Himmelsäquator stehen, bezeichnet man als Äquatorsterne. Das sind Sterne, die von allen Orten der Erde aus gesehen werden können (s. Seite 30).

Warum ändert sich der Anblick des Sternenhimmels im Verlauf eines Jahres?

Ursache dafür ist die jährliche Bewegung der Erde um die Sonne. Während dieses Jahreslaufs der Erde um die Sonne bewegt sich die Sonne für den Beobachter auf der Erde durch die Sternbilder des Tierkreises:
Aries (Widder), Taurus (Stier), Gemini (Zwillinge), Cancer (Krebs), Leo (Löwe), Virgo (Jungfrau), Libra (Waage), Scorpius (Skorpion), Sagittarius (Schütze), Capricornus (Steinbock), Aquarius (Wassermann), Pisces (Fische).

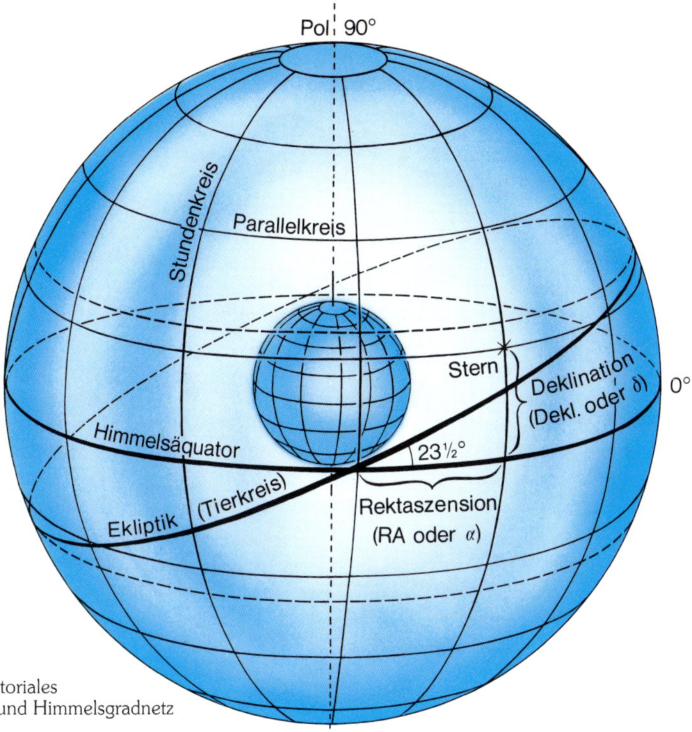

Äquatoriales
Erd- und Himmelsgradnetz

Dieser scheinbare Lauf der Sonne im Jahr erfolgt auf einem Kreis, der zum Himmelsäquator um 23½° geneigt ist. Er heißt Ekliptik. Von der Erde aus sind diejenigen Sterne, die unmittelbar in Richtung zur Sonne oder nicht zu weit davon entfernt stehen, eine Zeitlang unsichtbar.

▷ Im Bereich der Ekliptik bewegen sich der Mond und alle Planeten. Der Grund dafür ist die geringe Neigung der Bahnebenen dieser Himmelskörper gegen die Bahnebene der Erde.

Im Vergleich zu den Fixsternen, die Jahr für Jahr am Himmel in gleichen Konstellationen erscheinen, weil ihre Eigenbewegung nur mit Hilfe astronomischer Meßgeräte nachweisbar ist, ist die Bewegung des Mondes und der Planeten nicht zu übersehen. Jedes Jahr ergeben sich neue Stellungen am Himmel. Astronomische Jahrbücher (s. Seite 125) informieren über die oft interessanten Bewegungen und Konstellationen dieser Himmelskörper.

▷ Jährliche Bewegung der Erde um die Sonne und Schrägstellung der Erdachse zur Erdbahnebene bewirken die Jahreszeiten (Frühling, Sommer, Herbst, Winter). Die Jahreszeiten sind auf der Nordhemisphäre der Erde entgegengesetzt denjenigen auf der Südhemisphäre (Sommer in Europa entspricht Winter in Südamerika, usw.).

Warum ist die Sichtbarkeit der Sterne abhängig von der geographischen Breite?

Beobachtungsorte, die auf dem gleichen Breitenkreis liegen, bieten den gleichen Anblick des Himmels. Lediglich ist die Beobachtungszeit während einer Erdumdrehung verschieden (s. Seite 10).

Die Lage des Horizonts ist jedoch an Beobachtungsorten verschiedener geographischer Breite unterschiedlich. Ursache dafür ist die Kugelgestalt der Erde (genaugenommen ist die Erde ein Rotationsellipsoid). Der Anblick des Sternhimmels ändert sich also mit der geographischen Breite des Beobachtungsortes.

▷ Die beiden Himmelspole liegen immer 180° gegenüber. Am Beobachtungsort entspricht die Nord-Süd-Richtung der Richtung des Längenkreises.

▷ Am Beobachtungsort entspricht der Ostpunkt immer dem Aufgangspunkt eines Äquatorsterns. Der Westpunkt entspricht dem Untergangspunkt eines Äquatorsterns (s. Seite 30).

▷ Die Höhe des an einem Beobachtungsort sichtbaren Himmelspols (Polhöhe) ist stets gleich der geographischen Breite (z. B. in 60° Nordbreite steht der Himmelsnordpol 60° hoch über dem Nordhorizont).

▷ Wächst die Polhöhe, flacht der Himmelsäquator zum Horizont hin ab. Schrumpft die Polhöhe, wächst der Himmelsäquator gegenüber dem Horizont. Die beiden Extreme: am Nord- bzw. Südpol der Erde ist der Himmelspol 90° hoch und der Himmelsäquator liegt auf dem Horizont. Am Erdäquator ist der Himmelsäquator 90° hoch, und die beiden Himmelspole liegen auf dem Horizont.

▷ Der Punkt senkrecht über dem Beobachter ist der Scheitelpunkt oder Zenit. In allen Karten (Seite 39 bis Seite 109) mit »Z« gekennzeichnet.

Geographische Breite und Sichtbarkeit der Sterne

	Am Nordpol/Südpol	
Immer sichtbare Sterne 50%	Auf- und untergehende Sterne 0%	Immer unsichtbare Sterne 50%
	45° Nordbreite/Südbreite	
Immer sichtbare Sterne 15%	Auf- und untergehende Sterne 70%	Immer unsichtbare Sterne 15%
	Am Erdäquator	
Immer sichtbare Sterne 0%	Auf- und untergehende Sterne 100%	Immer unsichtbare Sterne 0%

Sieht man einmal von den besonderen Verhältnissen am Nord- und Südpol der Erde ab, befindet sich der Himmelsäquator an jedem Beobachtungsort auf der Erde zu einer Hälfte über dem Horizont und zur anderen Hälfte unter dem Horizont. Äquatorsterne bleiben deshalb genau eine halbe Erdumdrehung über dem Horizont und eine halbe Erdumdrehung unter dem Horizont.

- ▷ Derjenige Himmelspol ist der »obere«, der sich an einem Beobachtungsort über dem Horizont befindet.
- ▷ Derjenige Himmelspol ist der »untere«, der sich an einem Beobachtungsort unter dem Horizont befindet.

Für den Beobachter wichtig ist, daß alle Sterne zwischen dem oberen Himmelspol und dem Himmelsäquator länger als eine halbe Erddrehung (12 Stunden) über dem Horizont sichtbar sind. Weiter ist zu beachten, daß alle Sterne zwischen dem Himmelsäquator und dem unteren Himmelspol kürzer als eine halbe Erddrehung über dem Horizont erscheinen.

Astronomen sprechen von Oberläufigkeit der Sterne und meinen damit diejenigen, die am Beobachtungsort Bahnen über dem Horizont haben. Nur sie sind sichtbar. Während der Unterläufigkeit der Sterne sind sie unsichtbar. Nun gibt es bestimmte Stellen am Himmel, wo sich die Bahnen der Sterne ständig über dem Horizont am Beobachtungsort befinden. Es sind die sogenannten zirkumpolaren Sterne (»Zirkumpolarsterne«), deren Bahnen um den oberen Himmelspol verlaufen. Die Sterne sind die ganze Nacht über am Beobachtungsort zu sehen. Es gibt auch Zirkumpolarsterne, deren Bahnen um den unteren Himmelspol verlaufen. Sie sind am Beobachtungsort niemals zu sehen. Wie unterschiedlich Sterne in verschiedenen geographischen Breiten sichtbar sind, macht die Übersicht Seite 8 deutlich.

Jeder auf- und untergehende Stern und jeder zirkumpolare Stern mit Bahn um den oberen Himmelspol erreicht einmal einen höchsten Stand am Himmel. Man spricht dann von der Kulmination des Sterns. Der Stern steht bei der Kulmination im Meridian.

- ▷ Jeder Beobachtungsort hat seinen Meridian, der als Bogen den Himmelsnordpol über den Scheitelpunkt (Zenit) mit dem Südpol verbindet.

An einem bestimmten Beobachtungsort hat jeder Stern eine feste Kulminationshöhe. Die Kulmination erfolgt immer wieder nach einer Erddrehung. Alle Sterne gleicher Rektaszension (s. Seite 7) erreichen ihren höchsten Stand am Himmel für alle Beobachtungsorte gleicher geographischer Breite. Dabei sind die Höhen, die die einzelnen Sterne erreichen, unterschiedlich.

Die Zeit und die Beobachtung der Sterne

Die Basis für die Bestimmung der Zeit ist einmal die tägliche Drehung der Erde, zum anderen der Umlauf der Erde um die Sonne. Uns interessiert hier die Zeit für Beobachtungsorte mit verschiedener geographischer Länge. Genaugenommen hat jeder Beobachtungsort seine Ortszeit. Beobachtungsorte gleicher geographischer Länge haben immer die gleiche Zeit.

Nullpunkt der geographischen Länge ist der Längenkreis von Greenwich (England). Wenn es auf dem Längenkreis von Greenwich 12 Uhr ist, zeigen die Uhren 15 Grad östlich von Greenwich 13 Uhr und 15 Grad westlich 11 Uhr. Die Ortszeiten auf verschiedenen Längenkreisen weichen gegenüber Greenwich alle 15° um eine Stunde ab.

▷ Östlich von Greenwich ist es »später«, westlich von Greenwich »früher«. Wer von Ost nach West um die Erde wandert, verliert auf je 15° Längenunterschied eine Stunde. Umgekehrt: Die gleiche Wanderung in östlicher Richtung bringt je 15° eine Stunde Gewinn.

Bei 180° Längenunterschied gegen Greenwich weicht das Datum um einen Tag ab. Man spricht auch von der »Datumsgrenze« auf dieser Linie. Wer die Datumsgrenze von Osten nach Westen überschreitet, muß einen Tag auslassen. Beim Überschreiten von West nach Ost ist ein Tag doppelt zu zählen.

Im Alltag haben sich Zonenzeiten oder Normalzeiten eingebürgert, weil von Ort zu Ort abweichende Ortszeiten unpraktisch sind.

▷ Die Zonenzeiten unterscheiden sich von der mittleren Greenwicher Zeit um volle Stunden. Einige Beispiele nennt die Tabelle unten.

▷ Wenn es in diesem Buch heißt »Der Sternhimmel Anfang Februar 20 Uhr« (s. z. B. Seite 38), ist immer MEZ (Mitteleuropäische Zeit) gemeint. Jeder Beobachter muß um volle Stunden auf die für seinen Ort gültige Normalzeit (Zonenzeit) umrechnen, d. h. entsprechend viele Stunden dazuzählen oder abziehen.

Mehr über Sterntag, Beziehung zwischen Sternzeit und mittlerer Zeit findet der interessierte Leser im »Handbuch für Sternfreunde« (s. Literaturverzeichnis Seite 124).

▷ In Ländern, die die Sommerzeit eingeführt haben, muß zur Normalzeit (Zonenzeit) in der Regel eine Stunde hinzugezählt werden. Die Mitteleuropäische Sommerzeit (MESZ) beginnt Ende März und endet Ende Oktober. Mitteleuropäische Zeit (MEZ) plus eine Stunde = Mitteleuropäische Sommerzeit (MESZ). Der Zweck dieser Veränderung der Zonenzeit um eine Stunde ist ökonomisch begründet (Energieeinsparung).

Die Dämmerung und »Weiße Nächte«

In seiner ganzen Pracht ist der Sternhimmel nur zu sehen, wenn es richtig dunkel ist. Richtig dunkel heißt:

Ausgewählte Zonenzeiten

Universal Time Coordinated (UTC), früher	
Mittlere Greenwicher Zeit (MGZ)	= Westeuropäische Zeit (WEZ)
Mitteleuropäische Zeit	= UTC + 1 Stunde
Osteuropäische Zeit	= UTC + 2 Stunden
Atlantic Standard Time	= UTC − 4 Stunden
Pacific Standard Time	= UTC − 8 Stunden

die Sonne muß genügend tief unter dem Horizont stehen und selbstverständlich darf auch der Mond nicht scheinen. Sehen wir einmal vom Mondschein ab, spielt der Sonnenstand am Beobachtungsort die Hauptrolle.

Man unterscheidet zwischen bürgerlicher und astronomischer Dämmerung:

Bürgerliche Dämmerung Die Sonne steht 6° unter dem Horizont, und ohne Lampe kann man nicht mehr lesen.

Astronomische Dämmerung Die Sonne steht 18° unter dem Horizont, und alle Sterne bis zur 5. Größenklasse sind sichtbar.

Der für Sternbeobachtungen brauchbare Teil der Nacht reicht genau genommen nur vom Ende der astronomischen Abenddämmerung bis zum Beginn der astronomischen Morgendämmerung.

Nicht zu allen Zeiten wird in allen geographischen Breiten die »dunkle Nacht« erreicht. Vor allem zu den Zeiten der Sommersonnenwende ist die mitternächtliche Tiefe des Sonnenstandes unter dem Horizont zu gering. An den Polen geht die Sonne überhaupt nicht unter (»Mitternachtssonne«). Wie es zur Zeit der Sommersonnenwende in den verschiedenen geographischen Breiten weltweit aussieht, ist aus der Tabelle unten ersichtlich.

In den Wochen vor und nach der Sommersonnenwende herrschen daher in mittleren Breiten die »Weißen Nächte«, die Sternbeobachtungen sehr einschränken. Je näher der Beobachtungsort zum Pol steht, um so heller ist der Himmel dann auch um Mitternacht.

In nördlichen Breiten sind die »Weißen Nächte« viel auffälliger, weil das bewohnte Festland weiter nach Norden reicht als vergleichsweise auf der Südhalbkugel der Erde. Etwa zwischen 48° Nordbreite und 48° Südbreite wird das ganze Jahr über nach der Dämmerung die dunkle Nacht erreicht. Damit ist die Möglichkeit gegeben, die Sterne uneingeschränkt wahrzunehmen.

▷ Sommersonnenwende ist auf der Nordhalbkugel der Erde am 21. Juni, auf der Südhalbkugel am 22. Dezember.

Die Sterne, ihre Namen, ihre Helligkeit

Die Sternkarten in diesem BLV Naturführer markieren in jedem Sternbild den Hauptstern mit der üblichen Bezeichnung durch kleine griechische Buchstaben (z. B. α Lyrae = Alpha im Sternbild Leier). Ist für diesen Stern auch ein Eigenname (meist arabischer Herkunft) bekannt, steht er mit dabei (α Lyrae heißt z. B. Wega). Die kleinen griechischen

Geographische Breite und Mitternachtslichtzonen zur Sommersonnenwende

Polabwärts bis 66,5° Breite	= taghell
66,5° bis 60,5° Breite	= bürgerliche Dämmerung
60,5° bis 48,5° Breite	= astronomische Dämmerung
48,5° bis Erdäquator	= dunkle Nacht

Buchstaben stehen in jedem Sternbild im allgemeinen in der Reihenfolge der Helligkeit der einzelnen Sterne. Nur 130 Sterne haben Eigennamen. Man findet sie hauptsächlich am Nordhimmel. Die Sternbilder, die die Orientierung am Himmel sehr erleichtern, sind babylonisch-griechischen Ursprungs. Jedenfalls soweit sie den Nordhimmel und die in Europa und im Orient sichtbaren Teile des Südhimmels betreffen. In den Sternbildern spiegelt sich das bildhafte Denken der Menschen des Altertums wider. Das Hauptmotiv ist dabei die Beherrschung der Tiere durch Menschen. Die erst in der Neuzeit durch die Entdeckungsfahrten bekannt gewordenen Sternbilder der südlichsten Teile des Südhimmels tragen zum Teil technische Namen. Für kulturgeschichtlich interessierte Leser sind im Literaturverzeichnis (s. Seite 124) einige Titel angegeben, die Sternbilder und Namen näher beschreiben.

Sternansammlungen am Himmel und Ballungen kosmischer Materie sind recht gut auch schon mit bloßen Augen bzw. einem Feldstecher wahrzunehmen. Hellere Objekte dieser Art sind in die Sternkarten dieses BLV Naturführers eingezeichnet:

offene Sternhaufen,
kugelförmige Sternhaufen,
Spiralnebel und Gasnebel.

Näheres darüber siehe auch Seite 112. Sternhaufen und Nebel tragen Katalognummern. Die wichtigsten Objekte haben Nummern in der Liste von Messier (z. B. M 31 = Andromedanebel) oder im New General Catalogue (NGC 224 = Andromedanebel). Erscheint eine sogenannte IC-Nummer, handelt es sich um einen Nachtrag zum NGC.

Einige 100 Milliarden Sterne zählt das System der Milchstraße, zu dem auch unser Sonnensystem gehört. Davon sehen wir mit bloßen Augen in klaren Nächten nur ein paar tausend. Manche der Sterne verändern in einem bestimmten Zeitabschnitt ihre Helligkeit. Es sind sogenannte »veränderliche Sterne«. Andere erscheinen doppelt und mehrfach (»Doppelsterne«).

Auch solche Sterne sind in den Sternkarten besonders markiert. Bereits sehr lange werden die unterschiedlichen Helligkeiten der Sterne nach Größenklassen eingeteilt. Die schwächsten Sterne, die in dunkler Nacht gerade noch zu erkennen sind, bekommen die 6. Größenklasse, die hellsten die 1. Größenklasse. Exakter ist die Angabe:

▷ Ein Stern 1. Größenklasse ist 100mal so hell wie ein Stern der 6. Größenklasse.

Etwa um das 2,5fache legt der Stern einer helleren Größenklasse gegenüber der nachfolgenden, schwächeren Größenklasse zu. Es gibt Sterne, die heller als die 1. Größenklasse sind. Deshalb wird die Einteilung über 0^m nach -1^m und weiter fortgeführt. Das kleine »m« bedeutet magnitudo, kommt aus dem Lateinischen und heißt soviel wie Größe. Objekte am Himmel mit Helligkeiten von -1^m oder -2^m sind vor allem Planeten. Sterne mit dem Minus als Vorzeichen gibt es am ganzen Himmel lediglich vier; der hellste ist Sirius ($-1^m.45$), gefolgt von Canopus ($-0^m.7$). Beide sind Sterne des Südhimmels.

Die hier angegebenen Helligkeiten sagen nichts aus über die wahre Leuchtkraft der Sterne, weil die Entfernungen der einzelnen Sterne sehr unterschiedlich sind. Deshalb werden diese Helligkeiten auch als scheinbare Helligkeiten bezeichnet. In Katalogen wird auch der Spektralbereich angegeben, in dem sie gewonnen wurden.

Optische Hilfsmittel: Feldstecher und Fernrohr

Feldstecher sind heute in vielen Familien zur Hand. Die lichtsammelnde Wirkung ist oft erstaunlich und die binokulare Beobachtung, also mit beiden Augen gleichzeitig, immer bequem. Der Feldstecher (Fernglas) ist handlich und kann wegen der erzeugten aufrechten Bilder auch für Erdbeobachtungen verwendet werden. Auf den Gehäusen der Feldstecher stehen Bezeichnungen wie z.B. 11×80, 14×60 oder 7×50. Die erste Zahl gibt die Vergrößerung an, die zweite den Objektivdurchmesser in Millimeter. Teilt man die zweite Zahl durch die erste, ergibt das den Durchmesser der Austrittspupille.

Wer wählen kann, sollte für Sternbeobachtungen einen Feldstecher anstreben, der im Handel als Jagd-, Nacht- oder Marineglas gekennzeichnet ist. In der Regel sind das Feldstecher mit Vergrößerungen zwischen 10- und 15fach und mit Objektivdurchmessern zwischen 40 und 80 mm. Für astronomische Beobachtungen geeignet sind z.B. die Feldstecher Fujinon FMT-SX 16×70, Leica 10×42 oder Zeiss 15×60.

Auf die optische Leistung des Feldstechers macht H. Nicklas im »Handbuch für Sternfreunde« aufmerksam: »So ist der Sprung vom bloßen Auge zur Feldstecherbeobachtung gleichbedeutend dem Übergang vom Feldstecher zu einem 35-cm-Teleskop.«

▷ Der Feldstecher ist kein Fernrohr für kleine Details und hohe Vergrößerungen. Für Sternfelder und die Milchstraße ist er das richtige Instrument.

Dem Freihandgebrauch sind Grenzen gesetzt. Wer länger beobachten will, sollte ein Stativ verwenden. Bequem sind auch Ferngläser mit Bildstabilisierung, z.B. Canon 12×36 IS.

Der nächste »optische« Schritt führt zum astronomischen Fernrohr:
1. dem Refraktor (Linsenfernrohr) oder
2. dem Reflektor (Spiegelfernrohr).

Recht vielseitig anwendbar sind kleine Refraktoren mit Öffnungen zwischen 60 und 100 mm und Spiegelfernrohre nach Newton mit Öffnungen zwischen 150 und 200 mm (s. auch S. 111). In den letzten Jahren haben sich die kompakten Spiegellinsenfernrohre durchgesetzt. Bewährte Markenfernrohre liefern u. a. Celestron, AstroPhysics, Intes, Takahashi, Meade, Pentax, Vixen und Zeiss. Über aktuelle Neuheiten unterrichtet die astronomische Monatsschrift »Sterne und Weltraum«.

▷ Je größer die Öffnung eines Fernrohrs wird, um so mehr wird es ortsabhängig. Das Fernrohr verlangt eine solide Montierung und eine feste Aufstellung im Garten, auf dem Balkon oder auf dem Dach.

Das Dobson-Teleskop kommt mit einer einfachen azimutalen Montierung aus, die direkt auf dem Boden steht. In seinem optischen Aufbau ist es ein Spiegelteleskop nach Newton.

Näheres s. Literatur Seite 124.

Orientierung nach dem nördlichen Himmelspol im Frühjahr

Helligkeit und Anordnung seiner Sterne machen das Sternbild Ursa Maior (Großer Bär, Großer Wagen) zum markantesten Sternbild am Nordhimmel. Ungewöhnlich am »Himmelswagen« ist, daß er bei der scheinbaren täglichen Bewegung der Sterne (Ursache: Rotation der Erde!) rückwärts fährt. Erst längeres Beobachten während einer Nacht macht das deutlich.

Nachtwege des Sternbilds Ursa Maior (Großer Bär, Großer Wagen) zu Beginn des Frühjahrs (März). 7 helle Sterne, die »Deichsel« und »Wagen« erkennen lassen, sind für Beobachter in Nordbreiten sehr einprägsam:

Deichselsterne: η Ursae Maioris (arab. Benetnasch), ζ Ursae Maioris (arab. Mizar), ε Ursae Maioris (arab. Alioth).

Wagensterne: δ Ursae Maioris (arab. Megrez), γ Ursae Maioris (arab. Phekda), α Ursae Maioris (arab. Dubhe), β Ursae Maioris (arab. Merak).

Nebenstehende Zeichnung entspricht der Sichtbarkeit in 50° Nordbreite (= geographische Breite von Irkutsk, Berlin, Brüssel, London, Winnipeg).

Ab 40° Nordbreite (= geographische Breite von Taschkent, Istanbul, Madrid, Azoren, New York) und höher ist das Sternbild zirkumpolar, d. h. es geht nicht unter den Horizont und ist so die ganze Nacht über zu allen Jahreszeiten sichtbar.

Anfang März 20 Uhr In 50° Nordbreite findet der Beobachter das Sternbild am Nordosthimmel. Die Deichselsterne sind auf den Nordosthorizont gerichtet. Stern Benetnasch steht am tiefsten.

Mitte März 24 Uhr In 50° Nordbreite sucht der Beobachter das Sternbild hoch am Himmel. Es steht fast im Zenit. Die Deichselsterne weisen nach Südosten in Richtung auf den Hauptstern Arktur im Sternbild Bootes. Die Hinterachse des Wagens mit den Sternen Merak und Dubhe liegt etwa auf der Nord-Süd-Linie (Meridian) am Beobachtungsort. Die Orientierung zum Himmelsnordpol ist jetzt besonders einfach.

Ende März 5 Uhr Das Sternbild steht 50° Nordbreite hoch am Nordwesthimmel. Sucht man den Polarstern, muß man die Hinterachse des Wagens mit den Sternen Merak und Dubhe jetzt etwa 5mal nach Nordosten verlängern.

Aufsuchen des Himmelsnordpols (Polarstern)

Die Hinterachse des Wagens mit den Sternen Merak und Dubhe 5mal gerade über Dubhe hinaus verlängern. Das führt den Beobachter zum Polarstern (Hauptstern des Sternbilds Ursa Minor = Kleiner Bär) in unmittelbarer Nähe des Himmelsnordpols.

Orientierung im Gelände

An jedem Ort mit nördlicher Breite findet der Beobachter den Himmelsnordpol, optisch hervorgehoben durch den Polarstern, stets unveränderlich über dem Nordpunkt des Horizonts. Dabei entspricht die Höhe des Himmelsnordpols der geographischen Breite des Beobachtungsorts.

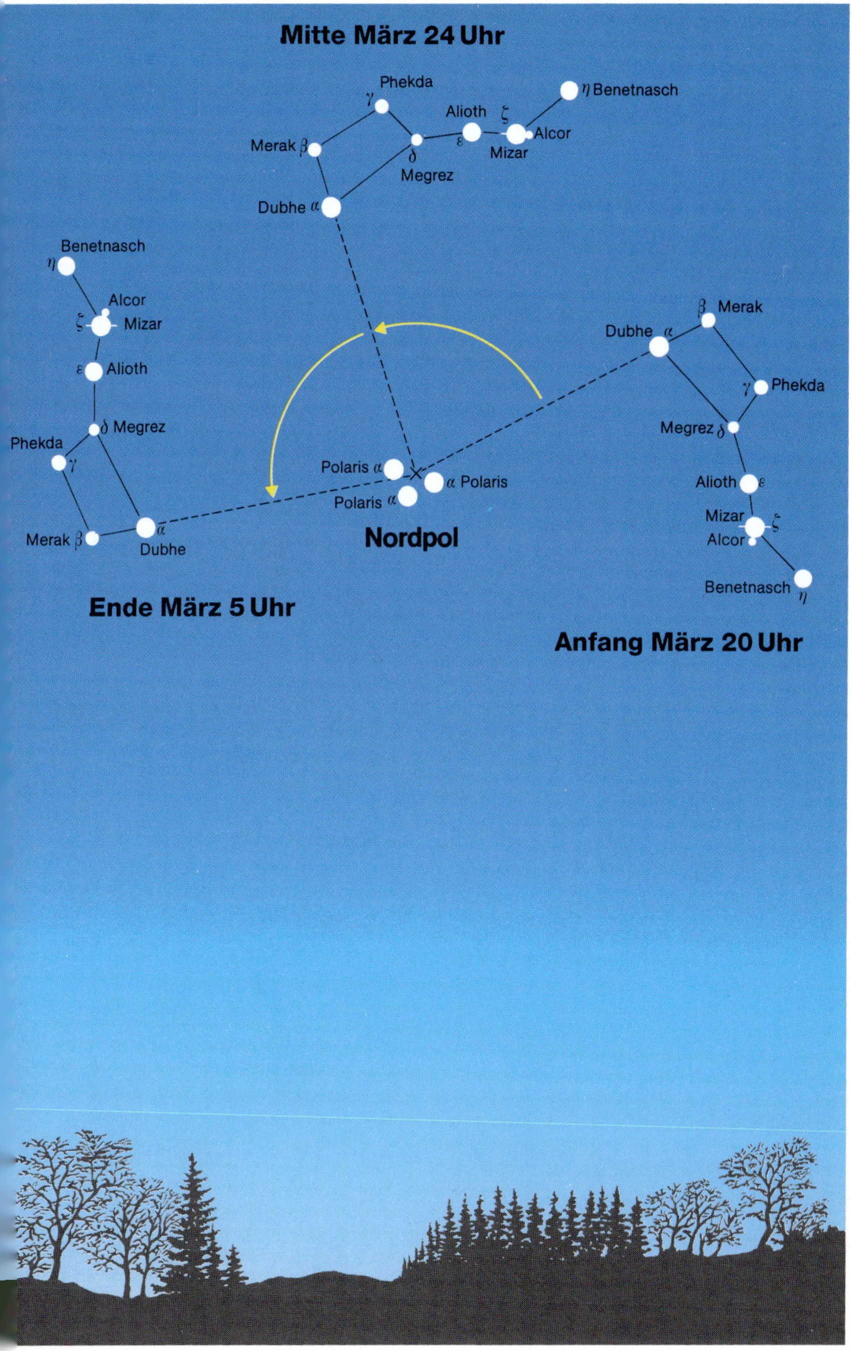

Mitte März 24 Uhr
Phekda
γ
Alioth
ζ
η Benetnasch
Merak β
ε
Alcor
δ
Mizar
Megrez
Dubhe α
Benetnasch
η
Alcor
ζ
Mizar
ε Alioth
δ Megrez
Phekda
γ
Merak β
α
Dubhe
β Merak
Dubhe α
γ Phekda
Megrez δ
Alioth ε
Mizar
ζ
Alcor
Benetnasch
η
Polaris α
α Polaris
Polaris α
Nordpol
Ende März 5 Uhr
Anfang März 20 Uhr

Orientierung nach dem nördlichen Himmelspol im Sommer

Nachtwege des Sternbilds Ursa Maior (Großer Bär, Großer Wagen) zu Beginn des Sommers (Juni). 7 helle Sterne, die »Deichsel« und »Wagen« erkennen lassen, sind für Beobachter in Nordbreiten sehr einprägsam:

Deichselsterne: η Ursae Maioris (arab. Benetnasch), ζ Ursae Maioris (arab. Mizar), ε Ursae Maioris (arab. Alioth).

Wagensterne: δ Ursae Maioris (arab. Megrez), γ Ursae Maioris (arab. Phekda), α Ursae Maioris (arab. Dubhe), β Ursae Maioris (arab. Merak).

Nebenstehende Zeichnung entspricht der Sichtbarkeit in 50° Nordbreite (= geographische Breite von Irkutsk, Berlin, Brüssel, London, Winnipeg).

Ab 40° Nordbreite (= geographische Breite von Taschkent, Istanbul, Madrid, Azoren, New York) ist das Sternbild zirkumpolar, d.h. es geht nicht unter den Horizont und ist so die ganze Nacht über zu allen Jahreszeiten sichtbar.

Anfang Juni 22 Uhr In 50° Nordbreite steht das Sternbild in seiner höchsten Stellung am Himmel, senkrecht über dem Beobachter (Zenithöhe). Freilich macht der Sonnenstand (s. Seite 10) die Beobachtungen schwierig.

Mitte Juni 24 Uhr In 50° Nordbreite findet man den Großen Wagen hoch am Nordwesthimmel. Die Hinterachse des Wagens mit den Sternen Merak und Dubhe liegt etwa auf der Ost-West-Linie am Beobachtungsort. Im Juni herrscht in 50° Nordbreite um die Zeit der Sommersonnenwende auch um Mitternacht die astronomische Dämmerung (s. Seite 11). Die hellen Wagensterne sind aber sichtbar.

Ende Juni 3 Uhr Das Sternbild steht tief im Nordwesten. Die Deichselsterne weisen nach Westen, die Hinterachse mit Dubhe nach Südosten. Wegen des Sonnenstands (s. Seite 11) begrenzte Beobachtungsmöglichkeiten.

Aufsuchen des Himmelsnordpols (Polarstern)

Die Hinterachse des Wagens mit den Sternen Merak und Dubhe ungefähr 5mal gerade über Dubhe hinaus verlängern. Das führt den Beobachter zum Polarstern (Hauptstern des Sternbilds Ursa Minor = Kleiner Bär) in unmittelbarer Nähe des Himmelsnordpols.

Hinweis: Dem Sternbild Großer Bär in bezug auf den Polarstern gegenüber steht das Sternbild Cassiopeia (s. Seite 48). Dieses Sternbild bildet ein typisches W und ist gut erkennbar. Es kann auch als Hilfe zum Auffinden des Polarsterns dienen.

Orientierung im Gelände

An jedem Ort mit nördlicher Breite findet der Beobachter den Himmelspol, optisch hervorgehoben durch den Polarstern, stets unveränderlich über dem Nordpunkt des Horizonts. Dabei entspricht die Höhe des Himmelsnordpols der geographischen Breite des Beobachtungsorts.

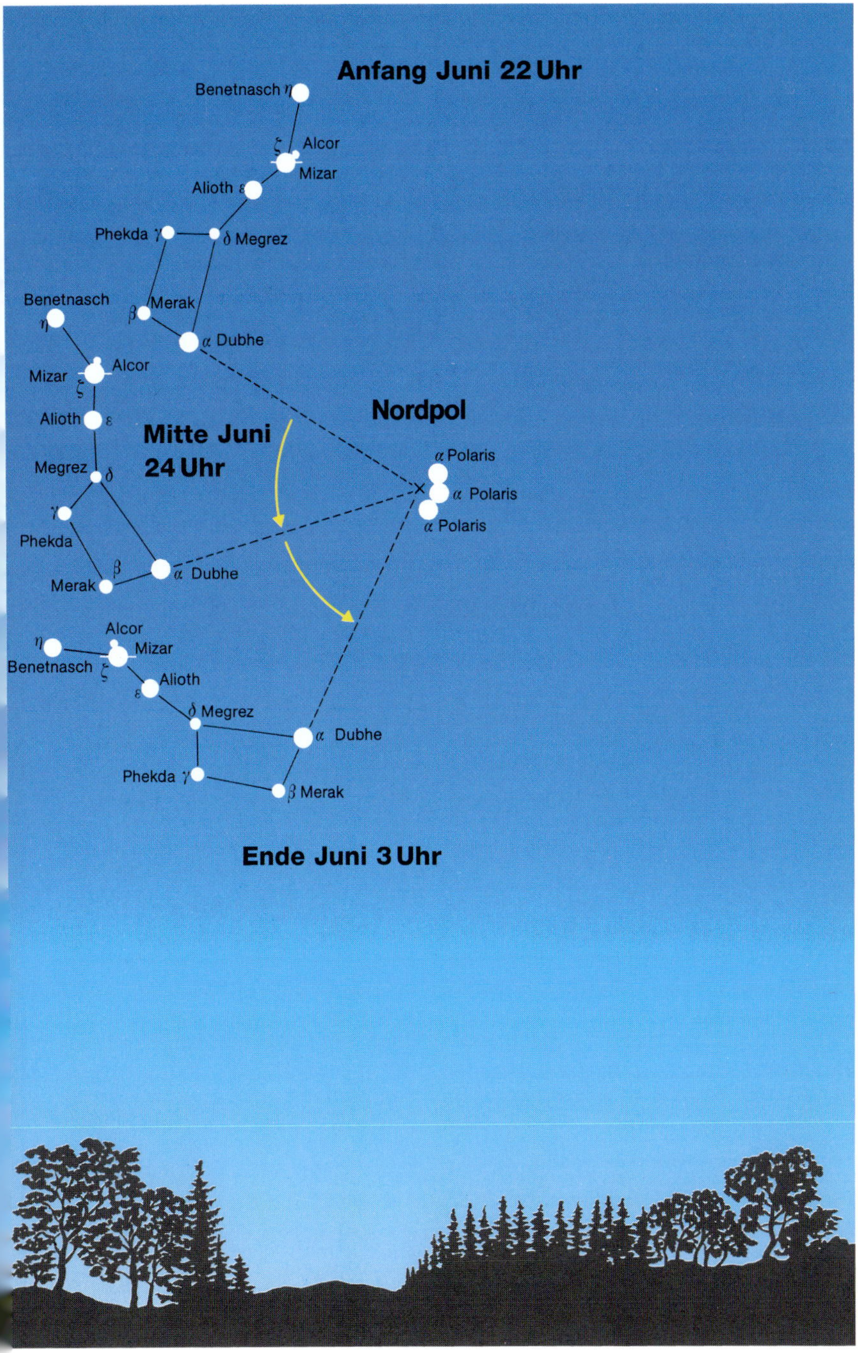

Anfang Juni 22 Uhr
Benetnasch η
ζ Alcor
Mizar
Alioth ε
Phekda γ
δ Megrez
β Merak
α Dubhe
Benetnasch
η
Alcor
Mizar
ζ
Alioth ε
Megrez δ
γ
Phekda
β
Merak
α Dubhe
Mitte Juni
24 Uhr
Nordpol
α Polaris
α Polaris
α Polaris
η
Alcor
Mizar
Benetnasch ζ
Alioth
ε
δ Megrez
α Dubhe
Phekda γ
β Merak
Ende Juni 3 Uhr

Orientierung nach dem nördlichen Himmelspol im Herbst

Helligkeit und Anordnung seiner Sterne machen das Sternbild Ursa Maior (Großer Bär, Großer Wagen) zum markantesten Sternbild am Nordhimmel. Ungewöhnlich am »Himmelswagen« ist, daß er bei der scheinbaren täglichen Bewegung der Sterne (Ursache: Rotation der Erde!) rückwärts fährt. Erst längeres Beobachten während einer Nacht macht das deutlich.

Nachtwege des Sternbilds Ursa Maior (Großer Bär, Großer Wagen) zu Beginn des Herbstes (September). Sieben helle Sterne, die »Deichsel« und »Wagen« erkennen lassen, sind für Beobachter in Nordbreiten sehr einprägsam:

Deichselsterne: η Ursae Maioris (arab. Benetnasch), ζ Ursae Maioris (arab. Mizar), ε Ursae Maioris (arab. Alioth).

Wagensterne: δ Ursae Maioris (arab. Megrez), γ Ursae Maioris (arab. Phekda), α Ursae Maioris (arab. Dubhe), β Ursae Maioris (arab. Merak).

Nebenstehende Zeichnung entspricht der Sichtbarkeit in 50° Nordbreite (= geographische Breite von Irkutsk, Berlin, Brüssel, London, Winnipeg).

Ab 40° Nordbreite (= geographische Breite von Taschkent, Istanbul, Madrid, Azoren, New York) und höher ist das Sternbild zirkumpolar, d.h. es geht nicht unter den Horizont und ist somit die ganze Nacht über zu allen Jahreszeiten sichtbar.

Anfang September 20 Uhr In 50° Nordbreite steht das Sternbild am Nordwesthimmel. Dem Horizont am nächsten befinden sich die Wagensterne. Die Hinterachssterne Merak und Dubhe weisen über Dubhe hinaus verlängert nach Südosten.

Mitte September 24 Uhr In 50° Nordbreite muß der Beobachter das Sternbild tief über dem Norhorizont suchen. Die Hinterachse des Wagens, Polarstern, Zenit und Südpunkt bilden eine Gerade.

Ende September 4 Uhr In 50° Nordbreite findet man das Sternbild am nordöstlichen Himmel. Die Deichsel weist nach Norden.

Aufsuchen des Himmelsnordpols (Polarstern)

Die Hinterachse des Wagens mit den Sternen Merak und Dubhe 5mal gerade über Dubhe hinaus verlängern. Das führt den Beobachter zum Polarstern (Hauptstern des Sternbilds Ursa Minor = Kleiner Bär) in unmittelbarer Nähe des Himmelsnordpols.

Orientierung im Gelände

An jedem Ort mit nördlicher Breite findet der Beobachter den Himmelspol, optisch hervorgehoben durch den Polarstern, stets unveränderlich über dem Nordpunkt des Horizonts. Dabei entspricht die Höhe des Himmelsnordpols der geographischen Breite des Beobachtungsorts.

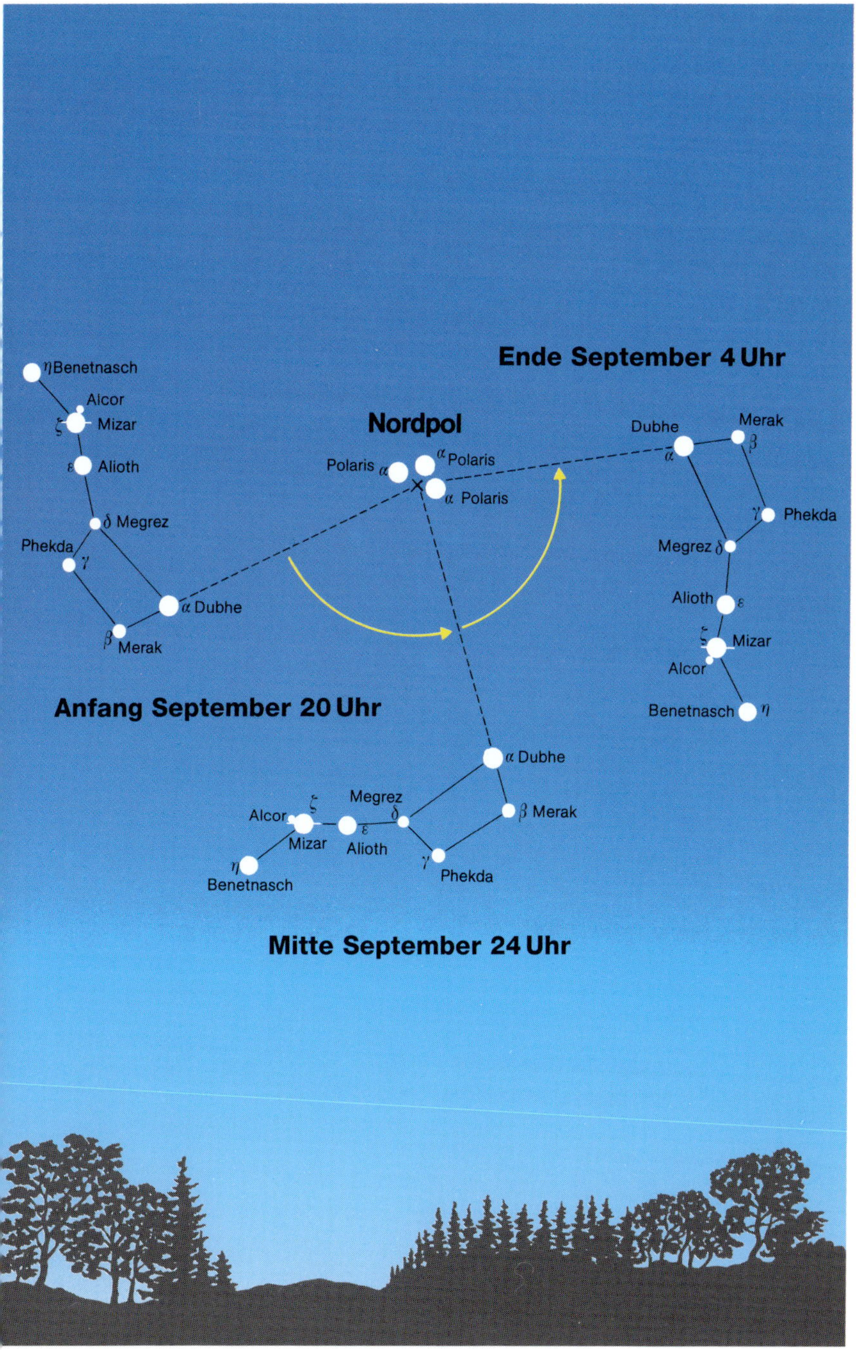
Ende September 4 Uhr
Nordpol
Polaris α
α Polaris
α Polaris
Dubhe α
Merak β
γ Phekda
Megrez δ
Alioth ε
ζ Mizar
Alcor
Benetnasch η
η Benetnasch
Alcor
ζ Mizar
ε Alioth
δ Megrez
Phekda γ
α Dubhe
β Merak
Anfang September 20 Uhr
α Dubhe
β Merak
Megrez δ
Alcor ζ
Mizar
ε Alioth
γ Phekda
η Benetnasch
Mitte September 24 Uhr

Orientierung nach dem nördlichen Himmelspol im Winter

Nachtwege des Sternbilds Ursa Maior (Großer Bär, Großer Wagen) zu Beginn des Winters (Dezember). 7 helle Sterne, die »Deichsel« und »Wagen« erkennen lassen, sind für Beobachter in Nordbreiten sehr einprägsam:

Deichselsterne: η Ursae Maioris (arab. Benetnasch), ζ Ursae Maioris (arab. Mizar), ε Ursae Maioris (arab. Alioth).

Wagensterne: δ Ursae Maioris (arab. Megrez), γ Ursae Maioris (arab. Phekda), α Ursae Maioris (arab. Dubhe), β Ursae Maioris (arab Merak).

Nebenstehende Zeichnung entspricht der Sichtbarkeit in 50° Nordbreite (geographische Breite von Irkutsk, Berlin, Brüssel, London, Winnipeg).

Ab 40° Nordbreite (= geographische Breite von Taschkent, Istanbul, Madrid, Azoren, New York) und höher ist das Sternbild zirkumpolar, d. h. es geht nicht unter den Horizont und ist somit die ganze Nacht über zu allen Jahreszeiten sichtbar.

Anfang Dezember 18 Uhr In 50° Nordbreite findet der Beobachter das Sternbild tief über dem Nordhorizont. Die Deichsel weist nach Nordwesten.

Mitte Dezember 24 Uhr In 50° Nordbreite beobachtet man das Sternbild am nordöstlichen Himmel. Die Deichsel weist auf den nordöstlichen Horizont. Die Hinterachssterne Merak und Dubhe sind über Dubhe hinaus verlängert nach Westen gerichtet.

Ende Dezember 7 Uhr In 50° Nordbreite steht das Sternbild jetzt hoch am Osthimmel. Die Deichsel weist auf den hellen Stern Arktur im Sternbild Bootes, der über dem Osthorizont leuchtet. Die Hinterachssterne sind über Dubhe hinaus verlängert nordwestlich gerichtet.

Aufsuchen des Himmelsnordpols (Polarstern)

Die Hinterachse des Wagens mit den Sternen Merak und Dubhe 5mal gerade über Dubhe hinaus verlängern. Das führt den Beobachter zum Polarstern (Hauptstern des Sternbilds Ursa Minor = Kleiner Bär) in unmittelbarer Nähe des Himmelsnordpols. Hinweis: Dem Sternbild Großer Bär in bezug auf den Polarstern gegenüber steht das Sternbild Cassiopeia (s. Seite 48). Dieses Sternbild bildet ein typisches W und ist gut erkennbar. Es kann auch als Hilfe zum Auffinden des Polarsterns dienen.

Orientierung im Gelände

An jedem Ort mit nördlicher Breite findet der Beobachter den Himmelspol, optisch hervorgehoben durch den Polarstern, stets unveränderlich über dem Nordpunkt des Horizonts. Dabei entspricht die Höhe des Himmelsnordpols der geographischen Breite des Beobachtungsorts.

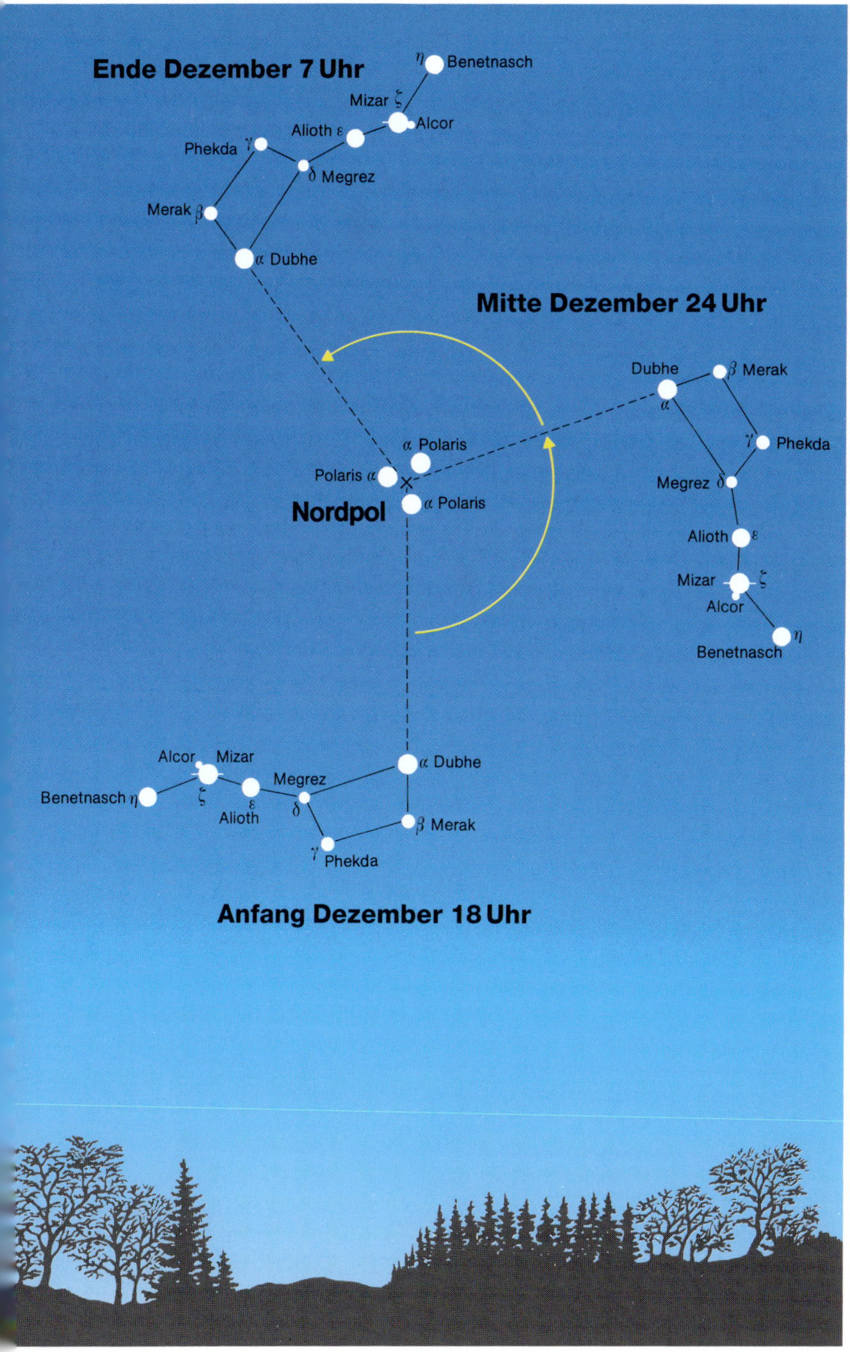

Ende Dezember 7 Uhr
η Benetnasch
Mizar ζ
Alcor
Alioth ε
Phekda γ
δ Megrez
Merak β
α Dubhe
Mitte Dezember 24 Uhr
Dubhe α
β Merak
γ Phekda
Megrez δ
Alioth ε
Mizar ζ
Alcor
η
Benetnasch
α Polaris
Polaris α
α Polaris
Nordpol
Alcor
Mizar
Benetnasch η
ζ
ε
Alioth
Megrez
δ
α Dubhe
β Merak
γ
Phekda
Anfang Dezember 18 Uhr

Orientierung nach dem südlichen Himmelspol im Frühjahr

Im Gegensatz zum Himmelsnordpol kennzeichnet kein heller Fixstern den Himmelssüdpol. Der Beobachter ist auf die geometrische Zuordnung benachbarter Sternbilder angewiesen.

Nachtwege der Sternbilder Crux (Kreuz des Südens) und Centaurus (Centaur) zu Beginn des Frühjahrs (September). 6 helle Sterne bilden eine einprägsame Konstellation, die der Beobachter zur Orientierung benützt:

Sternbild Crux: α Crucis (Name: Acrux), β Crucis, γ Crucis, δ Crucis.

Sternbild Centaurus: α Centauri (Name: Toliman), β Centauri (Name: Agena).

Nebenstehende Zeichnung entspricht der Sichtbarkeit in 40° Südbreite (= geographische Breite von Hastings auf Neuseeland, Gough-Island im Atlantischen Ozean, Valdivia in Chile). Etwa ab 40° Südbreite und höher sind diese 6 Sterne zirkumpolar, d. h. sie gehen nicht unter den Horizont und sind somit die ganze Nacht über zu allen Jahreszeiten sichtbar.

Anfang September 20 Uhr Die Gerade γ Crucis – α Crucis ist westöstlich gerichtet. Über γ Crucis hinaus weist sie nach Westen, über α Crucis hinaus nach Osten. Der helle Stern Achernar steht nahe dieser Strecke östlich des südlichen Himmelspols. Etwa in der Mitte der Strecke γ Crucis – Achernar sucht man den südlichen Himmelspol (siehe auch Sternkarten Seite 86 ff.).

Mitte September 24 Uhr In 40° Südbreite nähern sich Crux (Kreuz des Südens) und Centaurus (Centaur) der unteren Kulmination über dem Südhorizont. Beide Sternbilder sucht man nahe dem südwestlichen Horizont. Ungefähr gegen 1 Uhr findet man Mitte September γ Crucis und α Crucis auf der Süd-Nord-Linie. Die Gerade α Crucis – γ Crucis über γ Crucis zum Horizont verlängert weist zu diesem Zeitpunkt auf den Südpunkt des Horizonts. Die Gerade γ Crucis – α Crucis verlängert weist auf den südlichen Himmelspol.

Ende September 5 Uhr In 40° Südbreite stehen Crux (Kreuz des Südens) und Centaurus (Centaur) am Südosthimmel. Die Gerade β Centauri – α Centauri weist auf den Südhorizont. Die Gerade γ Crucis – α Crucis auf den südlichen Himmelspol.

Aufsuchen des Himmelssüdpols

Verlängert man die Strecke γ Crucis – α Crucis (Acrux) ungefähr 4mal über α Crucis hinaus, gelangt man in die Nähe des Himmelssüdpols. Auch die Mitte der Strecke β Centauri (Agena) – Achernar markiert ihn. Der dem Himmelssüdpol am nächsten stehende Stern ist nur 5^m hell.

Orientierung im Gelände

An jedem Ort mit südlicher Breite befindet sich der Himmelssüdpol unveränderlich über dem Südpunkt des Horizonts. Dabei entspricht die Höhe des Himmelssüdpols der geographischen Breite des Beobachtungsorts.

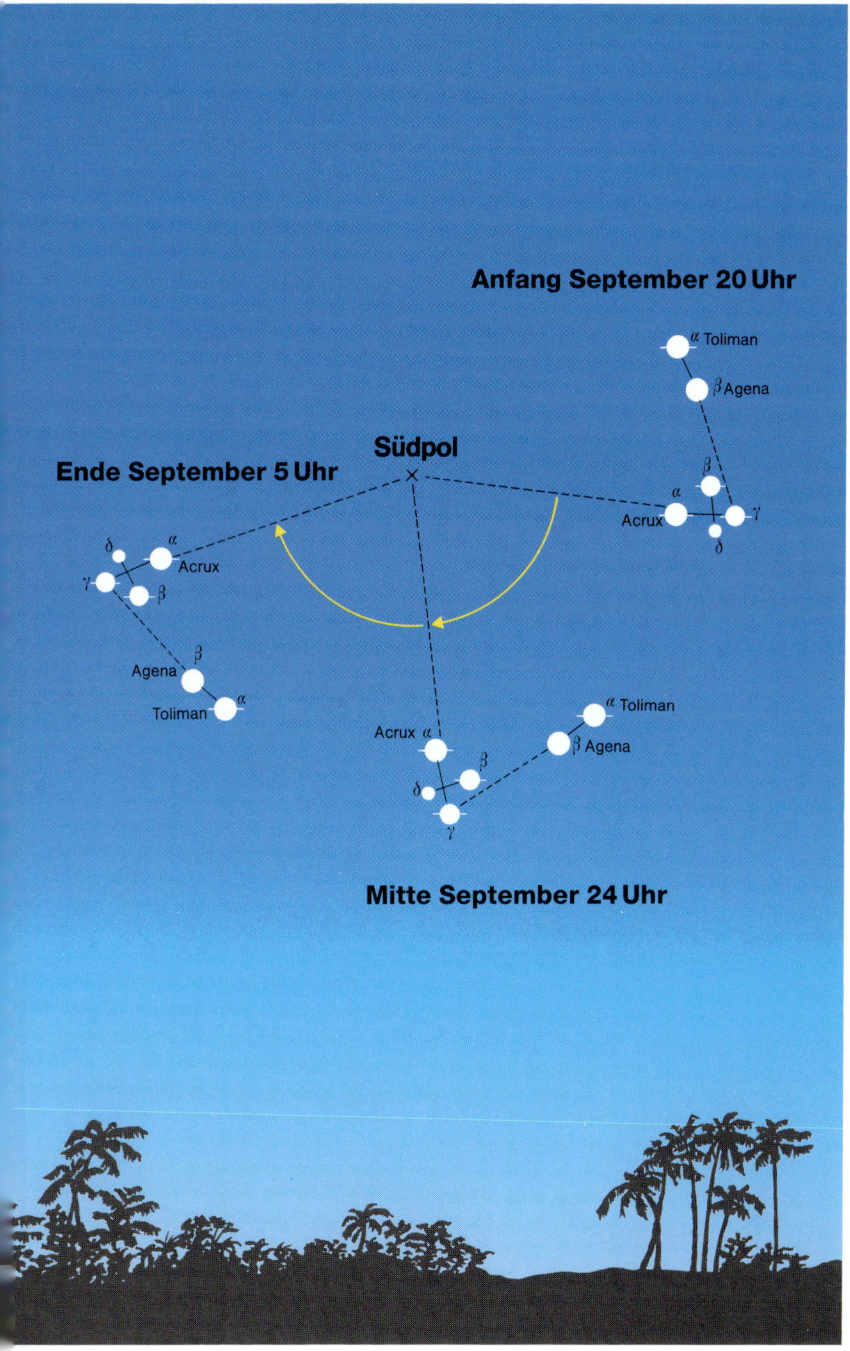

Anfang September 20 Uhr
α Toliman
β Agena
β
α
Acrux
γ
δ
Südpol
Ende September 5 Uhr
δ
α
Acrux
γ
β
β
Agena
Toliman
α
α Toliman
β Agena
Acrux α
β
δ
γ
Mitte September 24 Uhr

Orientierung nach dem südlichen Himmelspol im Sommer

Im Gegensatz zum Himmelsnordpol kennzeichnet kein heller Fixstern den Himmelssüdpol. Der Beobachter ist auf die geometrische Zuordnung benachbarter Sternbilder angewiesen.
Nachtwege der Sternbilder Crux (Kreuz des Südens) und Centaurus (Centaur) zu Beginn des Sommers (Dezember). 6 helle Sterne bilden eine einprägsame Konstellation, die der Beobachter zur Orientierung benützt:

Sternbild Crux: α Crucis (Name: Acrux), β Crucis, γ Crucis, δ Crucis.

Sternbild Centaurus: α Centauri (Name: Toliman), β Centauri (Name: Agena).

Nebenstehende Zeichnung entspricht der Sichtbarkeit in 40° Südbreite (= geographische Breite von Hastings auf Neuseeland, Gough-Island im Atlantischen Ozean, Valdivia in Chile).
Etwa ab 40° Südbreite und höher sind diese 6 Sterne zirkumpolar, d. h. sie gehen nicht unter den Horizont und sind somit die ganze Nacht über zu allen Jahreszeiten sichtbar. Die kurzen Nächte im Sommer erschweren die Beobachtung am Abend bzw. Morgen.

Anfang Dezember 21 Uhr In 40° Südbreite sucht man die beiden Sternbilder in nur geringer Höhe über dem Südhorizont. Die Gerade β Centauri – Achernar befindet sich nahe dem Meridian (siehe auch Sternkarten Seite 86 ff.). Über β Centauri hinaus verlängert weist sie auf den Südpunkt des Horizonts.
Mitte Dezember 24 Uhr In 40° Südbreite stehen Crux (Kreuz des Südens) und Centaurus (Centaur) am Südosthimmel. Die Gerade β Centauri – α Centauri weist auf den Südhorizont. Die Gerade γ Crucis – α Crucis auf den südlichen Himmelspol.
Ende Dezember 3 Uhr In 40° Südbreite sucht der Beobachter Crux (Kreuz des Südens) und Centaurus (Centaur) am Osthimmel. Die Gerade β Centauri – Achernar ist ostwestlich ausgerichtet.

Aufsuchen des Himmelssüdpols
Verlängert man die Strecke γ Crucis – α Crucis (Acrux) ungefähr 4mal über α Crucis hinaus, gelangt man in die Nähe des Himmelspols, einer sternarmen Gegend. Der dem Himmelssüdpol am nächsten stehende Stern ist nur 5^m hell. Auch die Mitte der Strecke β Centauri (Agena) – Achernar markiert den südlichen Himmelspol.

Orientierung im Gelände
An jedem Ort mit südlicher Breite befindet sich der Himmelssüdpol stets unveränderlich über dem Südpunkt des Horizonts. Dabei entspricht die Höhe des Himmelssüdpols der geographischen Breite des Beobachtungsorts.

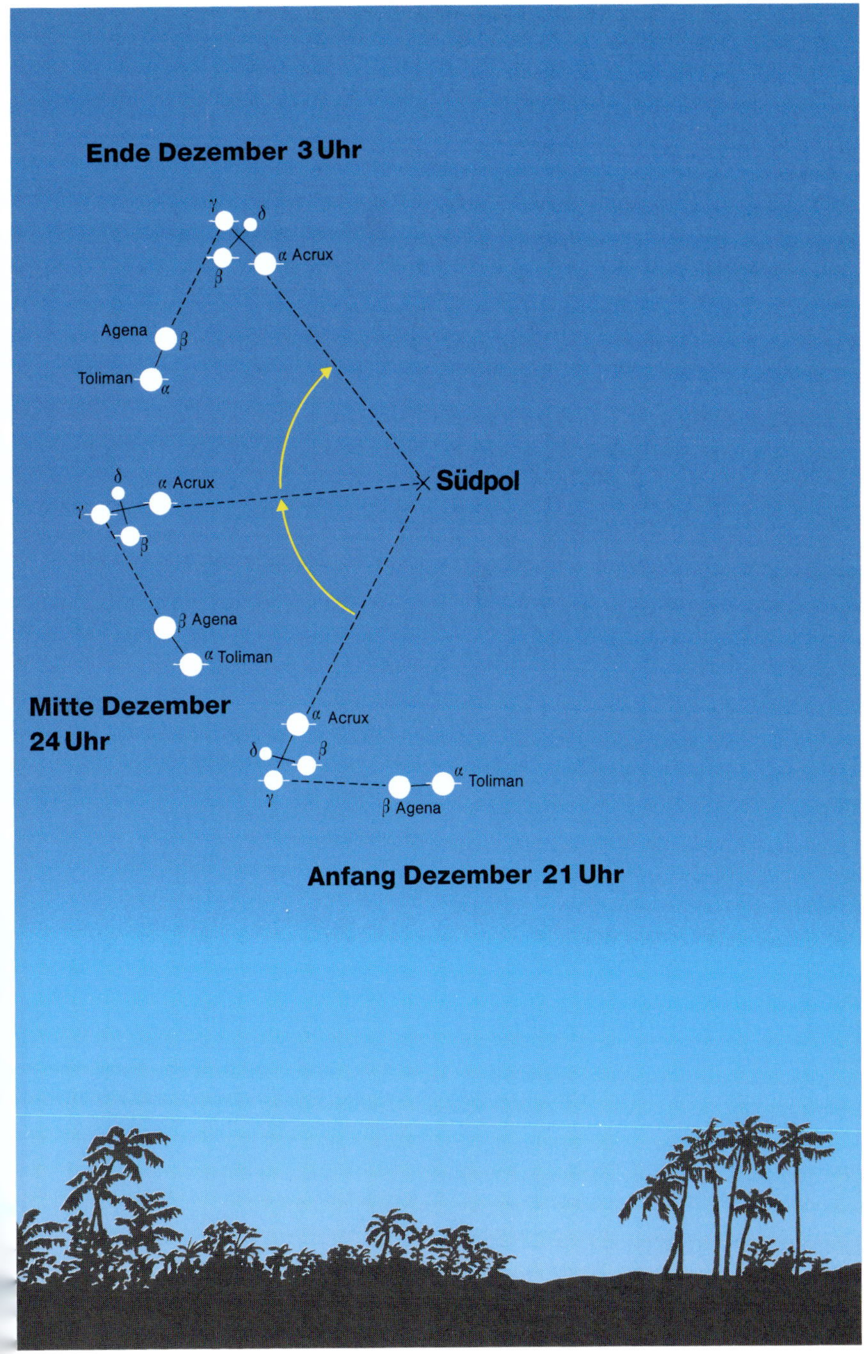

Ende Dezember 3 Uhr
γ
δ
α Acrux
β
Agena β
Toliman α
δ
α Acrux
γ
β
Südpol
β Agena
α Toliman
Mitte Dezember
24 Uhr
α Acrux
δ
β
γ
α Toliman
β Agena
Anfang Dezember 21 Uhr

Orientierung nach dem südlichen Himmelspol im Herbst

Im Gegensatz zum Himmelsnordpol kennzeichnet kein heller Fixstern den Himmelssüdpol. Der Beobachter ist auf die geometrische Zuordnung benachbarter Sternbilder angewiesen.

Nachtwege der Sternbilder Crux (Kreuz des Südens) und Centaurus (Centaur) zu Beginn des Herbstes (März). 6 helle Sterne bilden eine einprägsame Konstellation, die der Beobachter zur Orientierung benützt:

Sternbild Crux: α Crucis (Name: Acrux), β Crucis, γ Crucis, δ Crucis.

Sternbild Centaurus: α Centauri (Name: Toliman), β Centauri (Name: Agena).

Nebenstehende Zeichnung entspricht der Sichtbarkeit in 40° Südbreite (= geographische Breite von Hastings auf Neuseeland, Gough-Island im Atlantischen Ozean, Valdivia in Chile).

Etwa ab 40° Südbreite und höher sind diese 6 Sterne zirkumpolar, d. h. sie gehen nicht unter den Horizont und sind somit die ganze Nacht über zu allen Jahreszeiten sichtbar.

Anfang März 20 Uhr In 40° Südbreite findet der Beobachter die Sternbilder Crux (Kreuz des Südens) und Centaurus (Centaur) am Südosthimmel. Die Gerade α Centaur – β Centauri weist auf den Südhorizont. Die Gerade γ Crucis – α Crucis weist auf den südlichen Himmelspol.

Mitte März 24 Uhr In 40° Südbreite sucht der Beobachter die beiden Sternbilder hoch am Himmel. Die Gerade γ Crucis – α Crucis weist auf den hellen Stern Achernar am südwestlichen Horizont. Etwa in der Mitte der Strecke γ Crucis – Achernar befindet sich der südliche Himmelspol. Ende März 24 Uhr (= Mitte März 1 Uhr, Mitte April 23 Uhr) findet man die Sterne γ und α Crucis auf der Süd-Nord-Linie.

Ende März 5 Uhr Die Gerade γ Crucis – α Crucis weist nach Südosten auf den hellen Stern Achernar, der tief über dem südöstlichen Horizont zu erkennen ist (siehe auch Sternkarten Seite 86 ff.). Etwa in der Mitte der Strecke γ Crucis – Achernar sucht man den südlichen Himmelspol. Anfang März 4 Uhr befindet sich der helle Stern α Centauri (Toliman) im Meridian (Süd-Nord-Linie).

Aufsuchen des Himmelssüdpols

Verlängert man die Strecke γ Crucis – α Crucis (Acrux) ungefähr 4mal über α Crucis hinaus, gelangt man in die Nähe des Himmelssüdpols, ein Gebiet, das arm an hellen Sternen ist. Der dem Himmelssüdpol am nächsten gelegene Stern ist nur 5^m hell.

Orientierung im Gelände

An jedem Ort mit südlicher Breite befindet sich der Himmelssüdpol stets unveränderlich über dem Südpunkt des Horizonts. Dabei entspricht die Höhe des Himmelssüdpols der geographischen Breite des Beobachtungsorts.

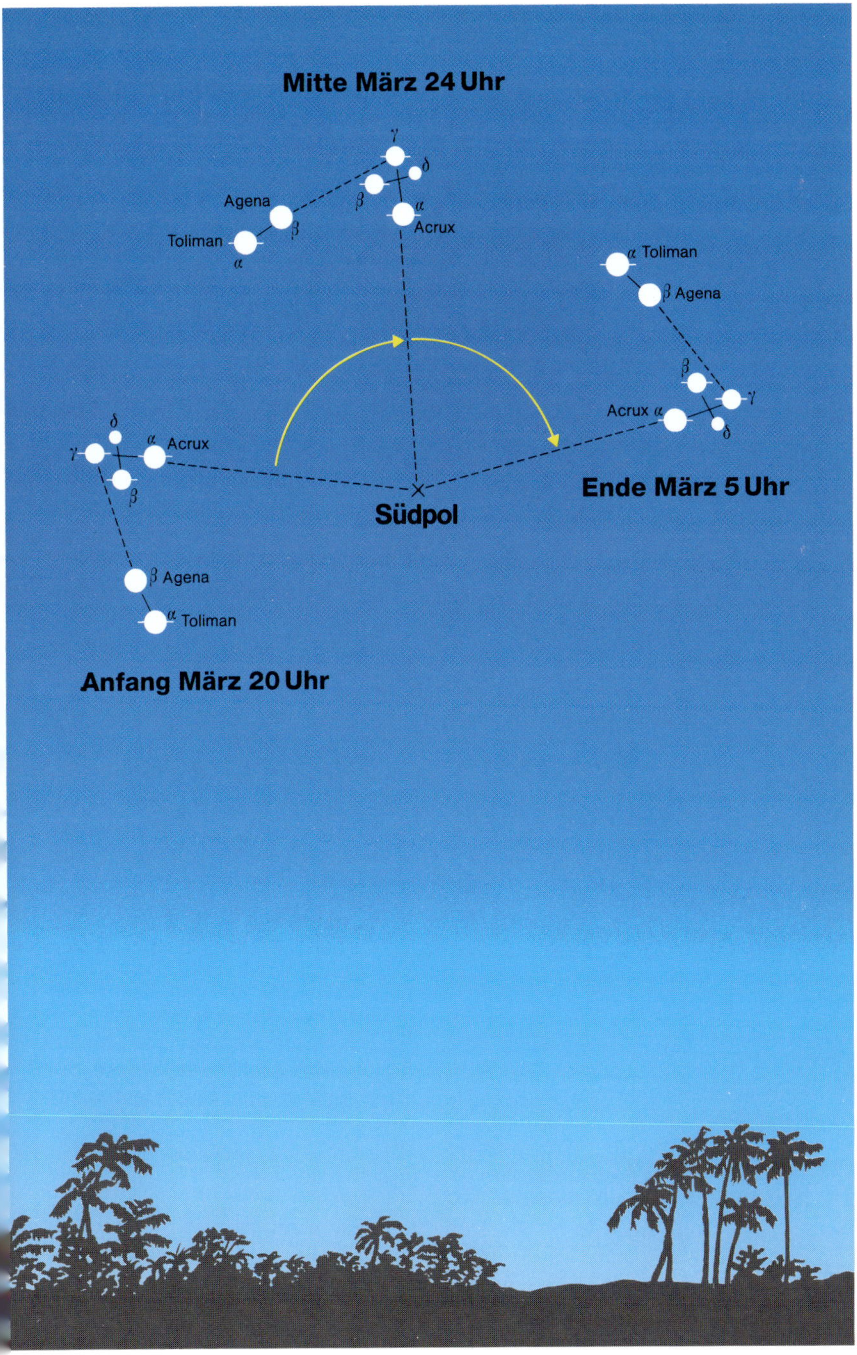
Mitte März 24 Uhr
γ
δ
β
α
Acrux
Agena
β
Toliman
α
α Toliman
β Agena
β
γ
Acrux α
δ
δ
α Acrux
γ
β
Südpol
Ende März 5 Uhr
β Agena
α Toliman
Anfang März 20 Uhr

Orientierung nach dem südlichen Himmelspol im Winter

Im Gegensatz zum Himmelsnordpol kennzeichnet kein heller Fixstern den Himmelssüdpol. Der Beobachter ist auf die geometrische Zuordnung benachbarter Sternbilder angewiesen.

Nachtwege der Sternbilder Crux (Kreuz des Südens) und Centaurus (Centaur) zu Beginn des Winters (Juni). 6 helle Sterne bilden eine sehr einprägsame Konstellation, die der Beobachter zur Orientierung benützt:

Sternbild Crux: α Crucis (Name: ux), β Crucis, γ Crucis, δ Crucis.

Sternbild Centaurus: α Centauri (Name: Toliman), β Centauri (Name: Agena).

Nebenstehende Zeichnung entspricht der Sichtbarkeit in 40° Südbreite (= geographische Breite von Hastings auf Neuseeland, Gough-Island im Atlantischen Ozean, Valdivia in Chile). Etwa ab 40° Südbreite und höher sind diese 6 Sterne zirkumpolar, d. h. sie gehen nicht unter den Horizont und sind somit die ganze Nacht über zu allen Jahreszeiten sichtbar.

Anfang Juni 19 Uhr In 40° Südbreite findet der Beobachter die Sternbilder Crux (Kreuz des Südens) und Centaurus (Centaur) hoch über dem südlichen Horizont fast in Zenitnähe. Die Gerade γ Crucis – α Crucis befindet sich nahezu im Meridian und weist über α Crucis (Acrux) verlängert zum Himmelssüdpunkt und weiter auf den Südpunkt am Horizont.

Mitte Juni 24 Uhr Die Gerade γ Crucis – α Crucis weist über α Crucis hinaus verlängert nach Südosten auf den hellen Stern Achernar (siehe auch Sternkarten Seite 86 ff.), der tief über dem südöstlichen Horizont zu erkennen ist. Etwa in der Mitte der Strecke γ Crucis – Achernar sucht man den südlichen Himmelspol.

Ende Juni 6 Uhr Das Sternbild Crux (Kreuz des Südens) findet man jetzt tief über dem Südhorizont. Die Gerade α Crucis – γ Crucis über γ Crucis am Horizont verlängert weist auf den Südpunkt des Horizonts. Die Gerade γ Crucis – α Crucis über α Crucis verlängert weist auf den nahe dem Zenit stehenden hellen Stern Achernar. Etwa in der Mitte der Strecke γ Crucis – Achernar befindet sich der südliche Himmelspol.

Aufsuchen des Himmelssüdpols

Verlängert man die Strecke γ Crucis – α Crucis (Acrux) ungefähr 4mal über α Crucis hinaus, gelangt man in die Nähe des Himmelssüdpols, ein Gebiet, das arm an hellen Sternen ist. Der dem Himmelssüdpol am nächsten stehende Stern ist nur 5^m hell.

Orientierung im Gelände

An jedem Ort mit südlicher Breite befindet sich der Himmelssüdpol unveränderlich über dem Südpunkt des Horizonts. Dabei entspricht die Höhe des Himmelssüdpols der geographischen Breite des Beobachtungsorts.

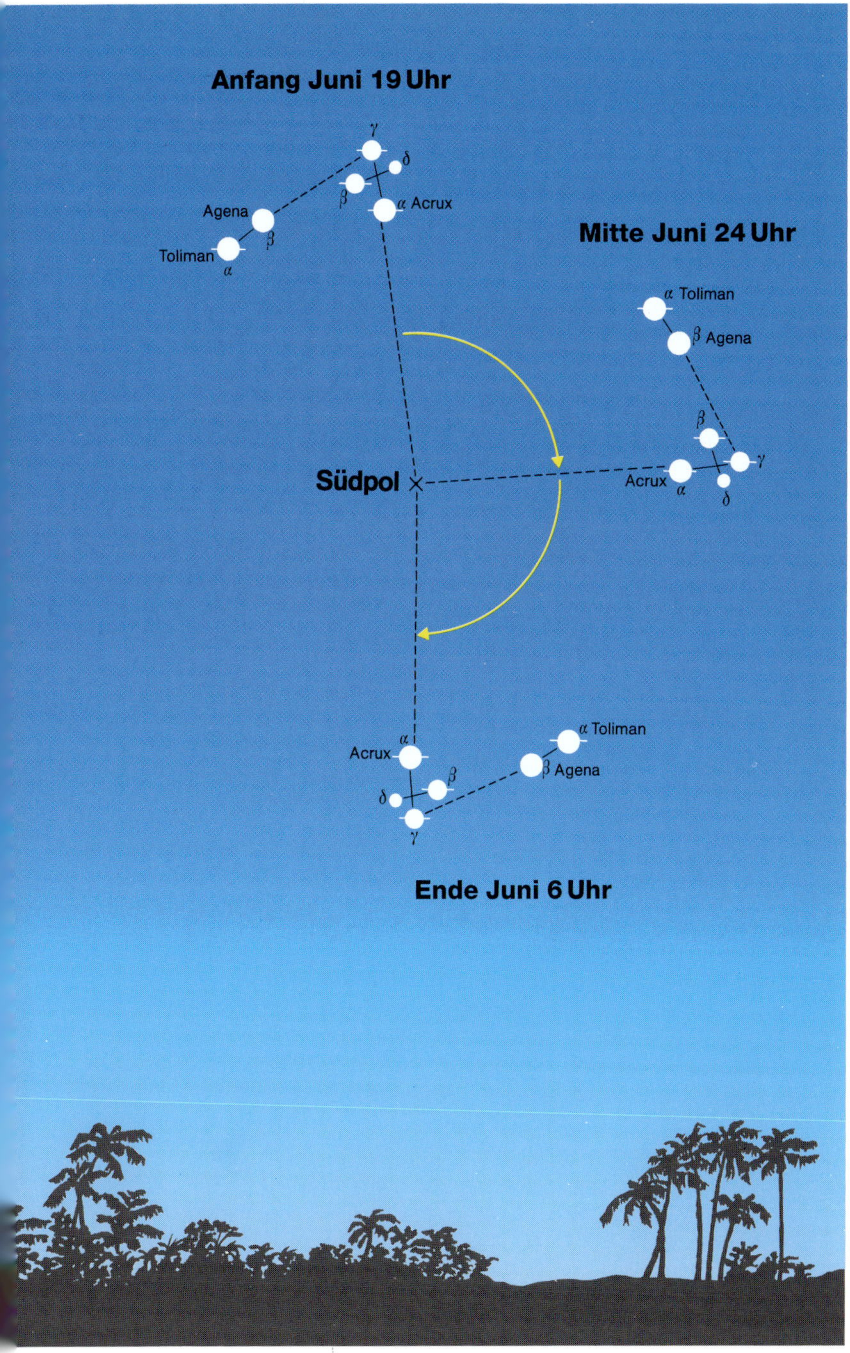
Anfang Juni 19 Uhr
γ
δ
β
α Acrux
Agena
β
Toliman
α
Mitte Juni 24 Uhr
α Toliman
β Agena
β
γ
Acrux
α
δ
Südpol
α
Acrux
β
δ
γ
α Toliman
β Agena
Ende Juni 6 Uhr

Orientierung nach dem Himmelsäquator im Frühjahr

(auf der Südhalbkugel der Erde Herbst)

Der Himmelsäquator steht senkrecht auf die Nord-Süd-Achse der Himmelskugel (s. Seite 7). Er schneidet in 2 gegenüberliegenden Punkten am Horizont den Ost- und den Westpunkt. Das hilft dem Beobachter, die Ost-West-Richtung zu finden. Erleichternd kommt hinzu, daß der Himmelsäquator in allen geographischen Breiten zu sehen ist, bzw. Sterne und Sternbilder, die sich auf ihm oder nahe bei ihm befinden.
Nebenstehende Zeichnung zeigt die äquatornahen hellen Sterne Regulus (Sternbild Leo = Löwe), Spica (Sternbild Virgo = Jungfrau) und Arktur (Sternbild Bootes).

Sichtbarkeit

Regulus Anfang März am Beobachtungsort im Meridian um 23 Uhr (= Ende März 22 Uhr, Anfang April 21 Uhr):

Höhe über dem Südhorizont in 45° Nordbreite	57°
Höhe über dem Nordhorizont am Erdäquator	78°
Höhe über dem Nordhorizont in 45° Südbreite	33°

Spica Ende April am Beobachtungsort im Meridian um 23 Uhr (= Mitte Mai 22 Uhr, Ende Mai 21 Uhr):

Höhe über dem Südhorizont in 45° Nordbreite	34°
Höhe über dem Nordhorizont am Erdäquator	79°
Höhe über dem Nordhorizont in 45° Südbreite	56°

Arktur Mitte Mai am Beobachtungsort im Meridian um 23 Uhr (= Ende Mai 22 Uhr, Mitte Juni 21 Uhr):

Höhe über dem Südhorizont in 45° Nordbreite	64°
Höhe über dem Nordhorizont am Erdäquator	71°
Höhe über dem Nordhorizont in 45° Südbreite	26°

Keiner dieser hellen Sterne liegt unmittelbar auf dem Himmelsäquator. Dem Äquator am nächsten kommen Sterne des Sternbilds Virgo (= Jungfrau). Davon liegen auf bzw. dicht am Himmelsäquator:

ζ Virginis (auf dem Himmelsäquator), η Virginis (1° südlich).

Man kann diese beiden Sterne als Äquatorsterne bezeichnen, deren Aufgangspunkt stets der Ostpunkt am Horizont ist.

Zu beachten ist bei der Beobachtung

Der Beobachter an einem Ort mit geographischer Nordbreite schaut nach Süden. Für ihn ist der Ostpunkt links am Horizont. Der Beobachter an einem Ort mit geographischer Südbreite schaut nach Norden. Für ihn ist der Ostpunkt rechts am Horizont.

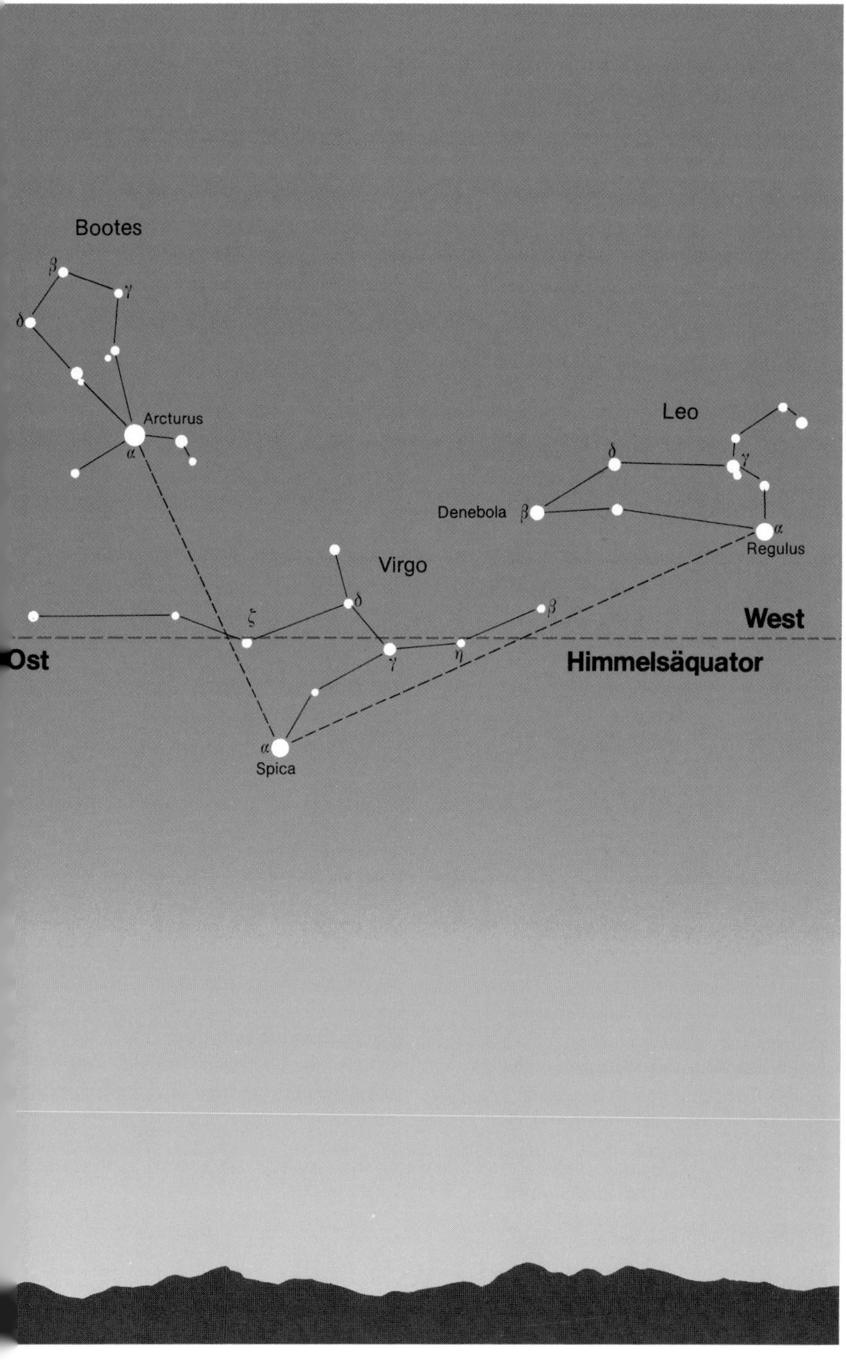
Bootes
β
γ
δ
Arcturus
α
Leo
δ
γ
Denebola
β
α
Regulus
Virgo
δ
ζ
β
West
Ost
γ
η
Himmelsäquator
α
Spica

Orientierung nach dem Himmelsäquator im Sommer

(auf der Südhalbkugel der Erde Winter; man spricht dort vom »Großen Norddreieck«)

Der Himmelsäquator steht senkrecht auf die Nord-Süd-Achse der Himmelskugel (s. Seite 7). Er schneidet in 2 gegenüberliegenden Punkten am Horizont den Ost- und den Westpunkt. Das hilft dem Beobachter, die Ost-West-Richtung zu finden. Erleichternd kommt hinzu, daß der Himmelsäquator in allen geographischen Breiten zu sehen ist, bzw. Sterne und Sternbilder, die sich auf ihm oder nahe bei ihm befinden.
Nebenstehende Zeichnung zeigt den äquatornahen Stern Atair (Sternbild Aquila = Adler), der zusammen mit den Sternen Wega (Sternbild Lyra = Leier) und Deneb (Sternbild Cygnus = Schwan) das in Nordbreiten auffallende »Sommerdreieck« am Himmel bildet. Auch am Erdäquator ist diese Konstellation nicht zu übersehen.

Sichtbarkeit

Atair Anfang August am Beobachtungsort im Meridian um 23 Uhr (= Mitte August 22 Uhr, Anfang September 21 Uhr):

Höhe über dem Südhorizont in 45° Nordbreite	54°
Höhe über dem Nordhorizont am Erdäquator	81°
Höhe über dem Nordhorizont in 45° Südbreite	36°

Sommerdreieck Seine beste Sichtbarkeit hat das »Sommerdreieck« in den Monaten Juni, Juli und August. In mittleren Nordbreiten kulminiert es dann in Zenithöhe. Dabei weist seine »Spitze« (= der Stern Atair) nach Süden. In mittleren Südbreiten steht diese Dreieckskonstellation wesentlich näher dem Horizont. In 45° Südbreite berührt Stern Deneb bereits den Nordhorizont. Am höchsten steht dann die nach Süden weisende »Spitze« mit dem Stern Atair im Sternbild Aquila (Adler).
Der Stern Atair liegt nicht unmittelbar auf oder am Himmelsäquator. Dem Äquator am nächsten kommen 2 Sterne des Sternbilds Aquila (Adler):

δ Aquilae (etwas nördlich),
ϑ Aquilae (etwas südlich).

Man kann diese beiden Sterne als Äquatorsterne bezeichnen, deren Aufgangspunkt stets der Ostpunkt am Horizont ist.

Zu beachten ist bei der Beobachtung

Der Beobachter an einem Ort mit geographischer Nordbreite schaut nach Süden. Für ihn ist der Ostpunkt links am Horizont. Der Beobachter an einem Ort mit geographischer Südbreite schaut nach Norden. Für ihn ist der Ostpunkt rechts am Horizont.
Verhindern Dämmerung oder Mondschein die Beobachtung der Äquatorsterne, findet man den Himmelsäquator etwa in der Mitte der Strecke Atair – Fomalhaut (Hauptstern im Sternbild Piscis Austrinus = Südlicher Fisch).

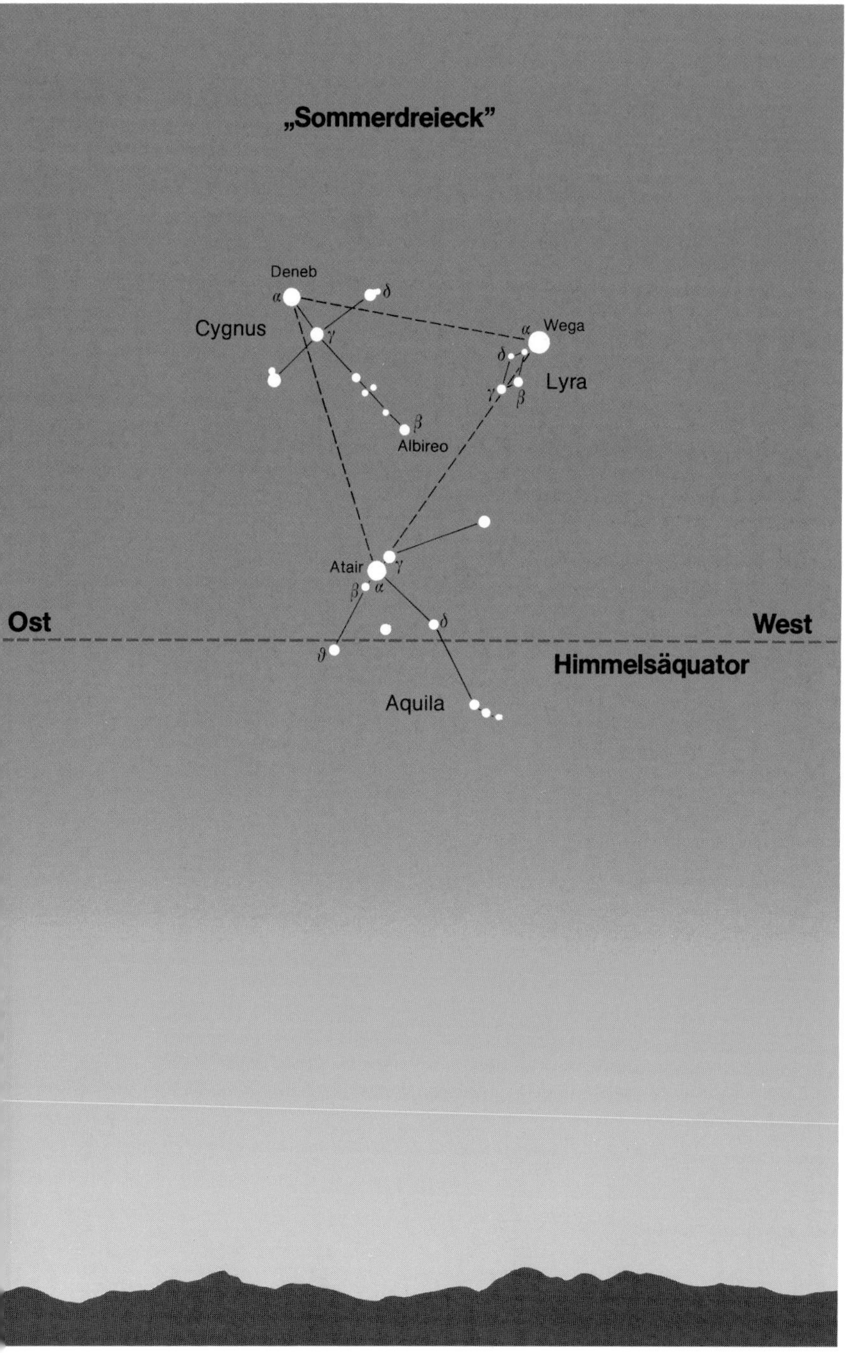
„Sommerdreieck"
Deneb
α
δ
Cygnus
γ
α
Wega
δ
γ
Lyra
γ
β
β
Albireo
Atair
γ
β
α
δ
Ost
West
ϑ
Himmelsäquator
Aquila

Orientierung nach dem Himmelsäquator im Herbst

(auf der Südhalbkugel der Erde Frühjahr)

Der Himmelsäquator steht senkrecht auf die Nord-Süd-Achse der Himmelskugel (s. Seite 7). Er schneidet in 2 gegenüberliegenden Punkten am Horizont den Ost- und den Westpunkt. Das hilft dem Beobachter, die Ost-West-Richtung zu finden. Erleichternd kommt hinzu, daß der Himmelsäquator in allen geographischen Breiten zu sehen ist, bzw. Sterne und Sternbilder, die sich auf ihm oder nahe bei ihm befinden.

Nebenstehende Zeichnung zeigt die äquatornahen Sternbilder Pegasus (nördlich des Himmelsäquators) und Aquaris = Wassermann (südlich des Himmelsäquators). Ein heller äquatornaher Stern ist α Aquarii, mit dem arabischen Namen Sadalmelek.

Sichtbarkeit

Sadalmelek Anfang September am Beobachtungsort im Meridian um 23 Uhr (= Mitte September 22 Uhr, Anfang Oktober 21 Uhr):

Höhe über dem Südhorizont in 45° Nordbreite 45°

Höhe über dem Nordhorizont am Erdäquator 90°

Höhe über dem Nordhorizont in 45° Südbreite 45°

Sternbilder Ihre beste Sichtbarkeit erreichen beide Sternbilder in den Monaten September, Oktober und November. In 20° Nordbreite kulminiert das Sternbild Pegasus in Zenithöhe. Auch das Sternbild Wassermann steht hier sehr hoch über dem Südhorizont.

Der Stern Sadalmelek liegt nur ein halbes Grad südlich des Himmelsäquators. Zum Aufsuchen von Sadalmelek orientiert man sich an den Sternen Markab (= α Pegasi) und Enif (= ε Pegasi), mit denen Sadalmelek ein etwa gleichseitiges Dreieck bildet.

Zu beachten ist bei der Beobachtung

Der Beobachter an einem Ort mit geographischer Nordbreite schaut nach Süden. Für ihn ist der Ostpunkt links am Horizont. Der Beobachter an einem Ort mit geographischer Südbreite schaut nach Norden. Für ihn ist der Ostpunkt rechts am Horizont.

4 helle Sterne des Sternbilds Pegasus bilden ein vor allem in Nordbreiten auffälliges Viereck am Himmel. Dieses Pegasus-Viereck eignet sich zum Auffinden des Himmelsäquators:

▷ Die Strecke, die die Sterne Sirrah und Scheat bilden und die Strecke zwischen den Sternen Algenib und Markab verlaufen etwa parallel zum Himmelsäquator und zueinander. Dabei entspricht ihr Abstand voneinander dem Abstand der Strecke Algenib – Markab zum Himmelsäquator.

Noch eine Hilfe Die Mitte der Strecke Scheat (= β Pegasi) – Fomalhaut (= α Piscis Austrini) liegt dicht am Himmelsäquator.

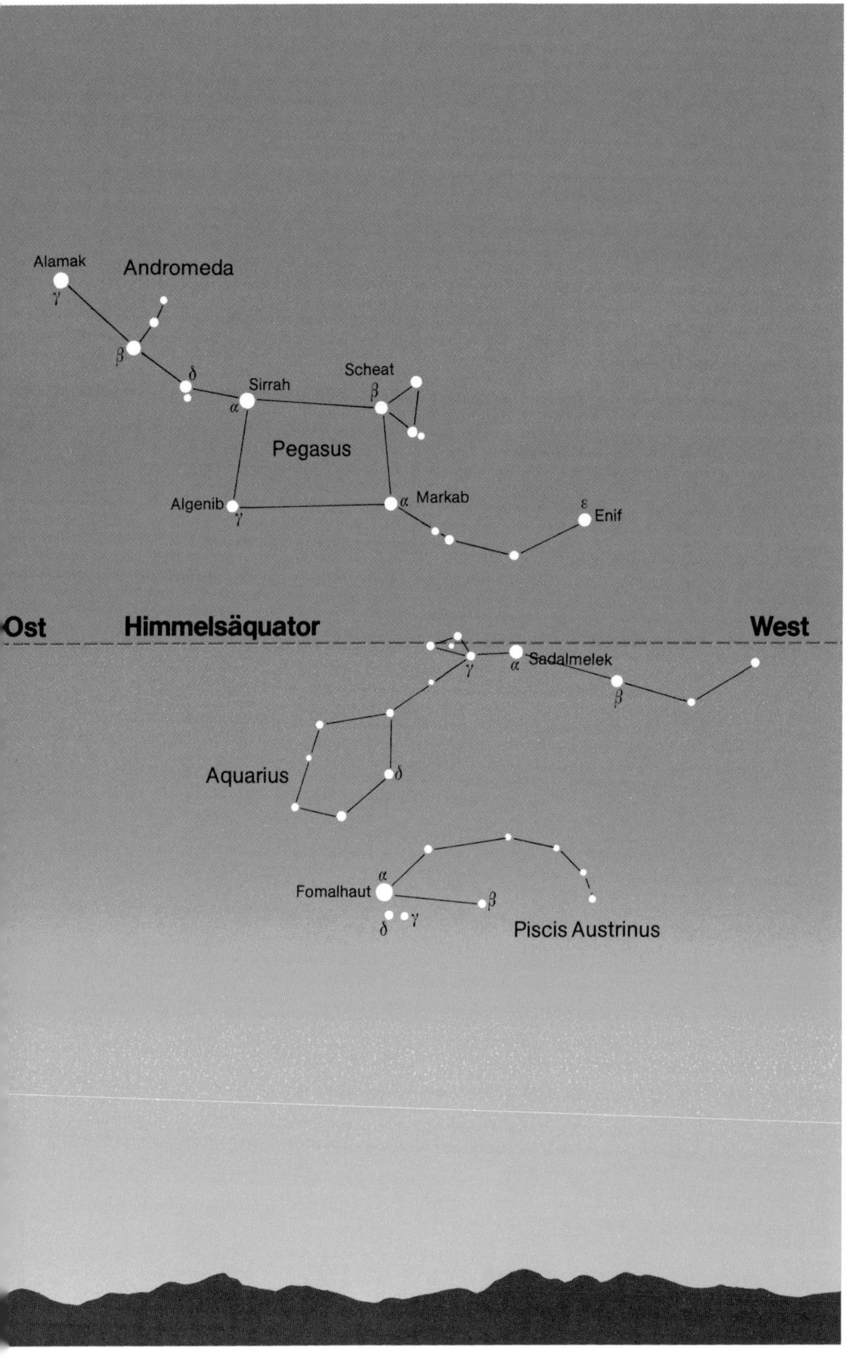
Alamak
Andromeda
Scheat
Sirrah
Pegasus
Algenib
Markab
Enif
Ost
Himmelsäquator
West
Sadalmelek
Aquarius
Fomalhaut
Piscis Austrinus

Orientierung nach dem Himmelsäquator im Winter

(auf der Südhalbkugel der Erde Sommer)

Der Himmelsäquator steht senkrecht auf die Nord-Süd-Achse der Himmelskugel (s. Seite 7). Er schneidet in 2 gegenüberliegenden Punkten am Horizont den Ost- und den Westpunkt. Das hilft dem Beobachter, die Ost-West-Richtung zu finden. Erleichternd kommt hinzu, daß der Himmelsäquator in allen geographischen Breiten zu sehen ist, bzw. Sterne und Sternbilder, die sich auf ihm oder nahe bei ihm befinden.
Nebenstehende Zeichnung zeigt die äquatornahen Sternbilder Orion, Canis Maior (Großer Hund) und Canis Minor (Kleiner Hund). Die 3 Gürtelsterne des Orion (»Jakobsstab«) liegen sehr dicht am Himmelsäquator.

Sichtbarkeit

Gürtelsterne des Orion Ende Dezember am Beobachtungsort im Meridian um 23 Uhr (= Mitte Januar 22 Uhr, Ende Januar 21 Uhr):

Höhe über dem Südhorizont in 45° Nordbreite	44°
Höhe über dem Nordhorizont am Erdäquator	89°
Höhe über dem Nordhorizont in 45° Südbreite	46°

Sternbilder Ihre beste Sichtbarkeit erreichen die 3 Sternbilder in den Monaten Dezember, Januar und Februar. Am Erdäquator kulminieren sie in Zenithöhe. Besonders das Sternbild Orion ist wegen seiner unverwechselbaren Figur sofort zu erkennen. Dem Himmelsäquator am nächsten stehen 3 Sterne des Orion:

δ Orionis (nur ⅓ Grad südlich!),
ε Orionis (1 Grad südlich),
ζ Orionis (knapp 2 Grad südlich).

Man kann alle 3 Sterne als Äquatorsterne bezeichnen, deren Aufgangspunkt stets der Ostpunkt am Horizont ist.

Zu beachten ist bei der Beobachtung

Der Beobachter an einem Ort mit geographischer Nordbreite schaut nach Süden. Für ihn ist der Ostpunkt links am Horizont. Der Beobachter an einem Ort mit geographischer Südbreite schaut nach Norden. Für ihn ist der Ostpunkt rechts am Horizont.
Die hellen Sterne Beteigeuze (= α Orionis), Sirius (= α Canis Maioris) und Prokyon (= α Canis Minoris) bilden am Himmel ziemlich genau ein gleichseitiges Dreieck, durch dessen Mitte der Himmelsäquator verläuft. Das wegen der 3 sehr hellen Sterne recht auffällige Dreieck befindet sich immer östlich der 3 Gürtelsterne des Orion. Für die Orientierung kann sich der Beobachter noch merken, daß die Strecke zwischen den beiden Sternen Beteigeuze und Prokyon ungefähr parallel zum Himmelsäquator verläuft.
Die äquatornahen hellen Sterne Sirius (Sternbild Canis Maior), Rigel (Sternbild Orion) und Procyon (Sternbild Canis Minor) bilden mit den hellen Sternen Pollux (Sternbild Gemini), Capella (Sternbild Auriga) und Aldebaran (Sternbild Taurus) das großräumige »Wintersechseck«, das als Orientierungshilfe am nördlichen Sternhimmel herangezogen werden kann.

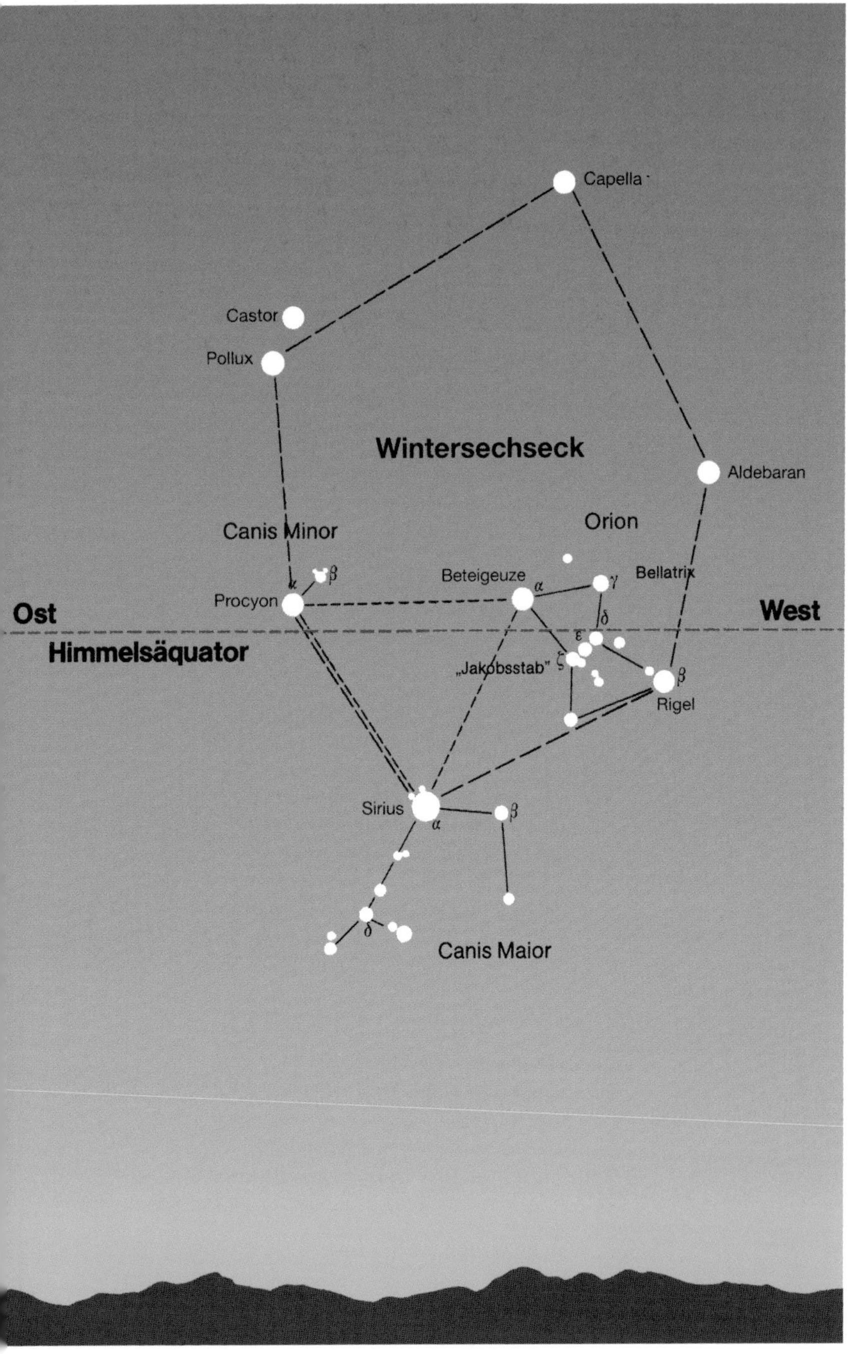
Capella
Castor
Pollux
Wintersechseck
Aldebaran
Orion
Canis Minor
β
α
Beteigeuze
α
γ
Bellatrix
Procyon
Ost
West
δ
ε
Himmelsäquator
„Jakobsstab"
ζ
β
Rigel
Sirius
β
α
δ
Canis Maior

60° Nordbreite

(entspricht der geographischen Breite von Jakutsk, St. Petersburg, Helsinki, Oslo, der Südspitze Grönlands, der Halbinsel Kenai/Alaska)

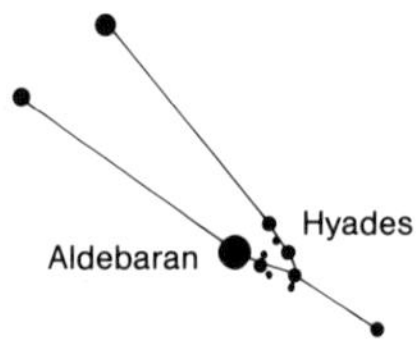

Stier (Taurus)

Plejaden

Der Sternhimmel Anfang Februar 20 Uhr
Blickrichtung zum südlichen Horizont

Mitte Februar um 19 Uhr	Anfang März um 18 Uhr
Mitte März um 17 Uhr	Anfang April um 16 Uhr
Mitte Januar um 21 Uhr	Anfang Januar um 22 Uhr
Mitte Dezember um 23 Uhr	Anfang Dezember um 24 Uhr

Anblick des Himmels vom Zenit bis zum Südhorizont Im Zenit stehen wenig helle Sterne des Sternbildes Camelopardus (Giraffe). Etwas westlich vom Zenit steht das Sternbild Perseus. Reich ausgefüllt mit hellen Sternen und einprägsamen Sternbildern ist der Himmel südlich vom Zenit bis zum Horizont: das Sternbild Auriga (Fuhrmann) mit dem hellen Stern Capella; daran anschließend das Sternbild Taurus (Stier) mit dem rötlichen Hauptstern Aldebaran und den offenen Sternhaufen Hyaden und Plejaden (Siebengestirn). Tiefer als man es in Mitteleuropa gewohnt ist, steht das Sternbild Orion im Süden. Das nach Südwesten folgende Sternbild Canis Maior (Großer Hund) ist in 60° Nordbreite nur teilweise sichtbar. Der helle Stern Sirius ist in Horizontnähe und kann seinen Glanz nicht voll entfalten.

Das ausgewählte Sternbild Taurus (Stier) ist ein Tierkreisbild mit einem auffällig rötlich leuchtenden Hauptstern (Aldebaran). Besonders reizvoll für Beobachter die Sternansammlungen in den offenen Sternhaufen Hyaden (unmittelbar in der Umgebung von Aldebaran) und Plejaden (nordwestlich, etwa auf der Mitte der Linie Aldebaran – Algol im Sternbild Perseus). Beide Sternhaufen sind bereits mit bloßen Augen einwandfrei auszumachen.

Objekt für den Feldstecher und das kleine Fernrohr Plejaden, auch Siebengestirn genannt. Dieser auffälligste galaktische Sternhaufen am Nordhimmel ist bereits mühelos mit bloßen Augen auszumachen. Dieser Sternhaufen gilt sogar als Augenprüfer: Gute Augen müssen – tadellose Sichtbedingungen vorausgesetzt – mehr als 6 Einzelsterne sehen (bis zu 10). Mit dem Feldstecher sind mühelos 30 Sterne zu sehen. Ein dankbares Objekt für astrofotografische Versuche.

Milchstraße Das Band der Milchstraße zieht sich von Südosten nach Nordwesten. In Zenithöhe schöne Partien in den Sternbildern Auriga (Fuhrmann), Perseus und Cassiopeia mit leicht zu erkennenden offenen Sternhaufen (Feldstecher!).

Zodiakallicht Am Abendhimmel (Westhorizont) aufsteigend entlang der Ekliptik (»Tierkreislicht«).

Bootes
M 13
Hercules
Sagitta
Lyra
M 3
M 92
Wega
Albireo
Cygnus
Vulpecula
Ursa Maior
Draco
Cor Caroli
Mizar
Alcor
Deneb
Canes Venatici
Thuban
North-America-N.
Cepheus
Alderamin
M 39
Ursa Minor
Lacerta
Dubhe
N
Polaris
Leo Minor
Cassiopeia
Schedir
Andromeda
Camelopardalis
M 31
Sirrah
Lynx
Z
Algenib
M 34
M 33
Castor
Pollux
Auriga
Capella
Triangulum
Pisces
Algol
Gemini
M 36
Perseus
Hamal
Aries
M 37
Canis Minor
M 35
Plejades
Taurus
Monoceros
Ecliptic
Hyades
Mira
Aldebaran
Beteigeuze
Orion
Cetus
M 50
Sirius
Aequator
M 42
Eridanus
M 41
Rigel
Canis Maior
Lepus
Fornax

60° Nordbreite

(entspricht der geographischen Breite von Jakutsk, St. Petersburg, Helsinki, Oslo, der Südspitze Grönlands, der Halbinsel Kenai/Alaska)

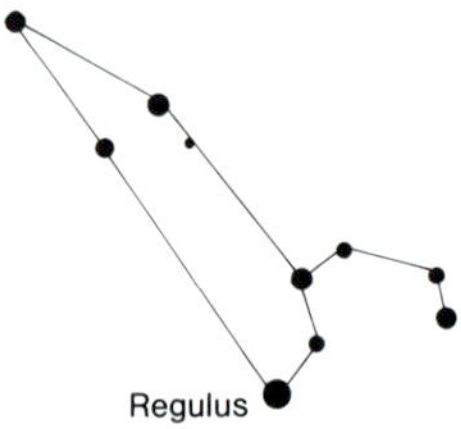

Löwe (Leo)

offener Sternhaufen M 67

Der Sternhimmel Anfang April 20 Uhr

Blickrichtung zum südlichen Horizont

Mitte April um 19 Uhr	Anfang Mai um 18 Uhr
Mitte Mai um 17 Uhr	Anfang Juni um 16 Uhr
Mitte März um 21 Uhr	Anfang März um 22 Uhr
Mitte Februar um 23 Uhr	Anfang Februar um 24 Uhr

Anblick des Himmels vom Zenit bis zum Südhorizont Dem Zenit nähert sich von Osten das Sternbild Ursa Maior (Großer Bär, Großer Wagen). Im Zenit selbst befindet sich keine auffallende Sternfiguration. Um zu einprägsamen Sternbildern zu kommen, muß man südöstlich und südwestlich schauen. Das Sternbild Leo (Löwe) beherrscht den Südosthimmel. Das Sternbild Gemini (Zwillinge) bildet im Südwesten den Abschluß der allmählich untergehenden »Wintersternbilder«. Direkt in der Nord-Süd-Linie findet der Beobachter das unscheinbare Tierkreissternbild Cancer (Krebs). Weiter hin zum Südhorizont stehen 2 hellere Sterne: α Hydrae (Wasserschlange) und α Canis Minoris.

Das ausgewählte Sternbild Leo (Löwe) ist Tierkreissternbild. Der Hauptstern Regulus ist nicht nur sehr hell am Himmel. Er befindet sich auf der Ekliptik. Es kommt deshalb immer wieder vor, daß Regulus vom Mond oder einem Planeten »bedeckt« wird. Auch nahe Konstellationen mit Mond und Planeten sind reizvoll. Der Stern γ Leonis (Algieba) ist ein heller Doppelstern und mit einem kleinen Fernrohr zu trennen.

Objekt für den Feldstecher und das kleine Fernrohr Südlich der Praesepe (s. Seite 52) befindet sich ein offener Sternhaufen (M 67), der mit Hilfe des Feldstechers aufgefunden werden kann. In einem Fernglas 10 × 40 entdeckt der Beobachter zahlreiche Einzelsterne. Um den ganzen Sternreichtum zu sehen, bedarf es eines 6- oder 8zölligen Fernrohrs mit 30- bis 50facher Vergrößerung. M 67 hat die Gesamthelligkeit $6^{m}.1$. Die Einzelsterne haben Helligkeiten von $8^{m}.5$ bis 15^{m}.

Meteorstrom Virginiden im April. Radiant nördlich des Hauptsterns Spica im Sternbild Virgo (Jungfrau) am Osthimmel (s. Sternkarte Seite 43). Radiant ist im April von 22 Uhr bis 3 Uhr zu beobachten.

Milchstraße Senkrecht von Nordwesten nach Süden. Bequem zu beobachten abwechslungsreiche Abschnitte in den Sternbildern Gemini (Zwillinge), Canis Maior und Minor (Großer und Kleiner Hund).

Zodiakallicht Am Abendhimmel (Westhorizont) aufsteigend entlang der Ekliptik (»Tierkreislicht«).

Albireo
Markab
Lyra
Ras Algethi
North-America-N.
Lacerta
Pegasus
Wega
Deneb
Hercules
M 39
Sirrah
Andromeda
M 13
M 92
Alderamin
M 33
Cassiopeia
Draco
Schedir
M 31
Cepheus
Ursa Minor
Triangulum
N
Polaris
Bootes
M 34
Thuban
Algol
Alcor
Mizar
Camelopardalis
Algenib
Perseus
Cor Caroli
Ursa Maior
Dubhe
Capella
Canes Venatici
Z
Auriga
Taurus
Coma Berenices
M 36
Leo Minor
M 37
Lynx
M 35
Castor
Pollux
Beteigeuze
Leo
Cancer
Orion
M 44
Praesepe
Regulus
Ecliptic
Canis Minor
M 67
Procyon
Sextans
Aequator
Sirius
M 50
Monoceros
Canis Maior
Hydra
Alphard
M 41
M 46
Puppis

60° Nordbreite

(entspricht der geographischen Breite von Jakutsk, St. Petersburg, Helsinki, Oslo, der Südspitze Grönlands, der Halbinsel Kenai/Alaska)

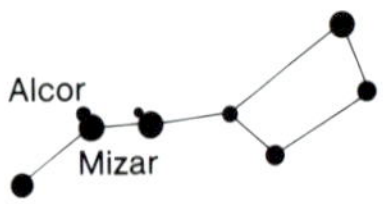

Großer Bär, Großer Wagen (Ursa Maior)

kugelförmiger Sternhaufen M3

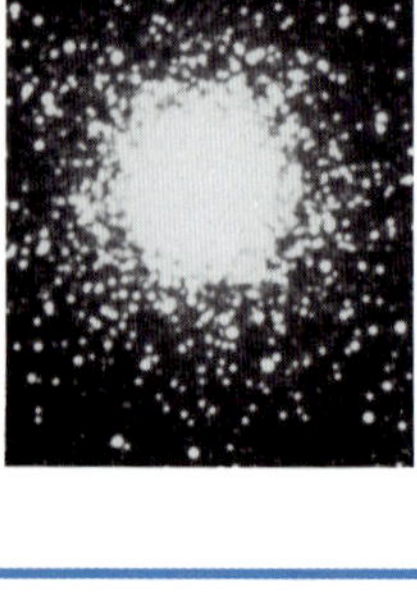

Der Sternhimmel Anfang Juni 20 Uhr
Blickrichtung zum südlichen Horizont

Mitte Juni um 19 Uhr	Anfang Juli um 18 Uhr
Mitte Juli um 17 Uhr	Anfang August um 16 Uhr
Mitte Mai um 21 Uhr	Anfang Mai um 22 Uhr
Mitte April um 23 Uhr	Anfang April um 24 Uhr

Anblick des Himmels vom Zenit bis zum Südhorizont Senkrecht über dem Beobachter das Sternbild Ursa Maior (Großer Bär, Großer Wagen). Wandern die Augen von der »Deichsel« des Großen Wagens nach Südosten, sehen sie schnell den rötlichen Stern Arktur im Sternbild Bootes. Ein weiterer heller Stern folgt weiter nach Süden, schon recht nahe dem Horizont: Spica im Sternbild Virgo (Jungfrau). Verlängert man die Linie Polarstern – hintere »Wagensterne« des Großen Wagens nach Südwesten, erreicht der Beobachter das Sternbild Leo (Löwe) mit dem hellen Stern Regulus. Über dem Südhorizont das Sternbild Corvus (Rabe), dessen hellere Sterne ein Viereck bilden.

Das ausgewählte Sternbild Ursa Maior (Großer Bär, Großer Wagen) ist als Orientierungssternbild sehr wichtig (s. Seite 14ff.). Wegen der unschwer erkennbaren Form eines Wagens mit Deichsel hat das Sternbild den weitverbreiteten Namen »Großer Wagen«.

Objekt für den Feldstecher und das kleine Fernrohr Der kugelförmige Sternhaufen M3 gilt neben M13 (s. Seite 56) als schönster des nördlichen Himmels. Der Beobachter sucht ihn etwa in der Mitte der Linie zwischen α Bootis (Arktur) und α Canes Venatici, Hauptstern des kleinen Sternbildes Jagdhunde südlich des Großen Wagens. Zur Auflösung in Einzelsterne am Rand braucht man ein 3zölliges Fernrohr. Die Gesamthelligkeit von M3 liegt bei 6^m. Die Gesamtmasse aller Sterne dieses Sternhaufens wird auf 245000 Sonnenmassen geschätzt, das Alter auf 10 Milliarden Jahre.

Meteorstrom Juni-Lyriden Mitte Juni. Radiant (scheinbarer Ort am Himmel, aus dem Sternschnuppen kommen) südlich des hellen Sterns Wega im Sternbild Lyra (Leier) am Osthimmel. Radiant im Juni die ganze Nacht über zu beobachten.

Milchstraße Das Band der Milchstraße zieht von Südosten nach Nordwesten. Im Verlauf der Nacht (im Juni um Mitternacht) rückt die Milchstraße in Zenit- und Meridiannähe. Eindrucksvoll die Abschnitte zwischen Cassiopeia im Nordosten, Cygnus (Schwan) im Osten und Ophiuchus (Schlangenträger) im Süden.

Pegasus
Andromeda
M 33
Aries
M 31
Triangulum
Plejades
Vulpecula
Lacerta
Cassiopeia
M 34
β Algol
Perseus
Cygnus
α Schedir
M 39
h χ
Algenib
North-America-N.
α
Deneb
Alderamin
Cepheus
Auriga
Capella
M 36
M 37
Camelopardalis
Lyra
α Polaris
Wega
N
Draco
Ursa Minor
Gemini
Castor α
M 92
Pollux β
Lynx
Hercules
Thuban
M 13
Dubhe
Z
Praesepe
M 44
Alcor
Mizar
Ursa Maior
Cancer
Corona
Borealis
Gemma
Cor Caroli
Leo Minor
Canes Venatici
Bootes
Serpens
M 3
Leo
Regulus
M 5
Arcturus
Coma Berenices
Sextans
Virgo
Aequator
Ecliptic
Crater
Spica
Hydra
Corvus
α Alchiba

60° Nordbreite

(entspricht der geographischen Breite von Jakutsk, St. Petersburg, Helsinki, Oslo, der Südspitze Grönlands, der Halbinsel Kenai/Alaska)

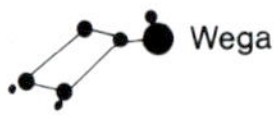

Leier (Lyra)

Doppelstern ε Lyrae

Der Sternhimmel Anfang August 20 Uhr

Blickrichtung zum südlichen Horizont

Mitte August um 19 Uhr	Anfang September um 18 Uhr
Mitte September um 17 Uhr	Anfang Oktober um 16 Uhr
Mitte Juli um 21 Uhr	Anfang Juli um 22 Uhr
Mitte Juni um 23 Uhr	Anfang Juni um 24 Uhr

Anblick des Himmels vom Zenit bis zum Südhorizont Im Zenit das Sternbild Drache zwischen Ursa Maior (Großer Bär) im Nordwesten und dem Sommerdreieck im Südosten. Südlich vom Zenit in voller Größe das H-förmige Sternbild Hercules. Westlich die Sternbilder Corona Borealis (Nördliche Krone) und Bootes (Bärenhüter). Östlich das zum Sommerdreieck gehörende Sternbild Lyra (Leier) mit dem hellen Stern Wega. In Horizontnähe die ausgedehnten Sternbilder Ophiuchus (Schlangenträger) und Serpens (Schlange).

Das ausgewählte Sternbild Lyra (Leier) ist ein altes und an interessanten Objekten reiches Sternbild. Neben den Sternen Sirius (Canis Maior) und Arkturus (Bootes) zählt der Hauptstern Wega zu den hellsten Sternen, die in nördlichen Breiten zu sehen sind. Das Sternbild wurde in der Antike Schildkröte genannt oder Schildkrötenschale. Von Hyginus stammt die Bezeichnung »gewölbtes Saiteninstrument«. Er gab einem Teil des Sternbildes den Namen »Resonanzboden«.

Objekt für den Feldstecher und das kleine Fernrohr 2 Grad östlich des hellen Sterns Wega im Sternbild Leier (Lyra) steht ein Stern 4. Größenklasse. Wer gute Augen hat, erkennt den Stern ohne Fernrohr als Doppelstern. Dieser Doppelstern hat die Besonderheit, daß jeder Begleiter wieder doppelt ist. Um das festzustellen, reicht der Feldstecher nicht mehr aus. Mit einem 3zölligen Refraktor aber sollte die Trennung bereits gelingen.

Meteorstrom Perseiden Mitte Juli bis Mitte August. Radiant (s. Sternkarte Seite 51) im Sternbild Perseus nordwestlich des Sterns α Persei (Algenib). Im August besonders gut nach Mitternacht zu beobachten, wenn Perseus hoch am Nordosthimmel steht. Bekannt auch unter dem Namen »Laurentius-Tränen«.

Milchstraße Besonders schöne Ausschnitte der sommerlichen Milchstraße in den Sternbildern Lyra (Leier), Aquila (Adler) und Cygnus (Schwan). Dagegen sind in diesen nördlichen Breiten die Milchstraßenwolken im Sagittarius (Schütze) und Scorpius (Skorpion) noch nicht zu beobachten.

Aries
Hamal
Pisces
Triangulum
M 33
Perseus
Algol
M 34
Algenib
M 35
M 36
M 37
Capella
Auriga
Gemini
Pollux
Castor
Cancer
Sirrah
M 31
Andromeda
Schedir
Cassiopeia
Camelopardalis
Lynx
Leo Minor
Polaris
N
Cepheus
Lacerta
M 39
Alderamin
M 39
Ursa Minor
Dubhe
Ursa Maior
North-America-N.
Deneb
Thuban
Mizar
Alcor
Draco
Z
Canes Venatici
Cor Caroli
Vulpecula
Cygnus
Albireo
Wega
Lyra
Sagitta
M 92
Bootes
M 3
M 13
Arcturus
Gemma
Corona Borealis
Aquila
Hercules
Ras Alhague
Ras Algethi
M 11
Unuk
M 5
Aequator
Scutum
M 16
M 22
M 24
Ophiuchus
Libra
M 8
Scorpius
Ecliptic

60° Nordbreite

(entspricht der geographischen Breite von Jakutsk, St. Petersburg, Helsinki, Oslo, der Südspitze Grönlands, der Halbinsel Kenai/Alaska)

Der Sternhimmel Anfang Oktober 20 Uhr
Blickrichtung zum südlichen Horizont

Mitte Oktober um 19 Uhr	Anfang November um 18 Uhr
Mitte November um 17 Uhr	Anfang Dezember um 16 Uhr
Mitte September um 21 Uhr	Anfang September um 22 Uhr
Mitte August um 23 Uhr	Anfang August um 24 Uhr

Anblick des Himmels vom Zenit bis zum Südhorizont Etwas östlich vom Zenit das Sternbild Cepheus mit dem berühmten veränderlichen Stern Delta. Vor den Augen des südwärts blickenden Beobachters steht das Sommerdreieck in voller Ausdehnung am Himmel. Am höchsten steht Deneb, der helle Hauptstern im Sternbild Cygnus (Schwan). Er befindet sich direkt auf der Nord-Süd-Linie am Beobachtungsort etwa 15° südlich vom Zenit. Am tiefsten steht Atair, der helle Hauptstern im Sternbild Aquila (Adler). Außer dem Sommerdreieck gibt es in diesem Himmelsausschnitt keine besonders markanten Sternbilder.

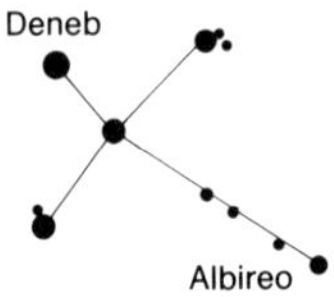

Schwan (Cygnus)

Das ausgewählte Sternbild Cygnus (Schwan) gehört zu den markanten Sternbildern des Nordhimmels. Man spricht gelegentlich auch vom »Kreuz des Nordens«. Die Sternwolken der Milchstraße kommen schon im Feldstecher prächtig zur Geltung. Auffallend südöstlich der Linie Deneb – Albireo ist eine sternarme Zone (»nördlicher Kohlensack«). Hier verdeckt ein Dunkelnebel die Milchstraße.

Objekt für den Feldstecher und das kleine Fernrohr Offener Sternhaufen M 39 östlich vom Stern Deneb inmitten einer an Sternwolken der Milchstraße und eigenartig geformten Dunkelwolken reichen Himmelsgegend. Im Feldstecher in etwa 30 Einzelsterne aufzulösen. Die Sterne sind weit auseinandergezogen. Die Gesamthelligkeit beträgt $5^m.3$. Aufgrund seiner Entfernung (896 Lichtjahre) ist M 39 ein Objekt in der näheren Umgebung unseres Sonnensystems.

offener Sternhaufen M 39

Meteorstrom Giacobiniden in den Tagen um den 10. Oktober. Radiant im Sternbild Draco (Drache), das am Nordwesthimmel zu finden ist. Materieteilchen des Kometen Giacobini-Zinner (1900 III).

Milchstraße Verlauf vom Nordosten nach Südwesten. Schöne Sternwolken in den Sternbildern Perseus, Cassiopeia und den Sternbildern des Sommerdreiecks.

Zodiakallicht In der zweiten Oktoberhälfte am Morgenhimmel. Aufsuchen am Osthorizont aufsteigend in der Nähe der Ekliptik (»Tierkreislicht«).

Gemini
β Pollux
α Castor
M 35
Lynx
Leo Minor
Leo
M 37
Auriga
M 36
Taurus
Coma Berenices
Capella
Canes Venatici
Cor Caroli
Dubhe
Ursa Maior
M 3
Perseus
Camelopardalis
Algenib
Algol
Mizar
Alcor
Thuban
Ursa Minor
Bootes
Polaris
N
M 34
Cassiopeia
Cepheus
Schedir
Corona
Borealis
Draco
M 33
M 31
Alderamin
M 92
M 13
Z
Andromeda
Sirrah
North
-America-N.
Hercules
M 39
Wega
Deneb
Pegasus
Cygnus
Ras Algethi
Lacerta
Lyra
Ras Alhague
Markab
Albireo
Ophiuchus
Vulpecula
Delphinus
Sagitta
Serpens
Aquila
M 15
Atair
Equuleus
M 11
M 2
Scutum
Aquarius
Aequator
Ecliptic
M 22
Sagittarius
Capricornus

60° Nordbreite

(entspricht der geographischen Breite von Jakutsk, St. Petersburg, Helsinki, Oslo, der Südspitze Grönlands, der Halbinsel Kenai/Alaska)

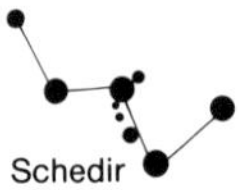

Cassiopeia

h und χ Persei, zwei offene Sternhaufen

Der Sternhimmel Anfang Dezember 20 Uhr
Blickrichtung zum südlichen Horizont

Mitte Dezember um 19 Uhr	Anfang Januar um 18 Uhr
Mitte Januar um 17 Uhr	Anfang Februar um 16 Uhr
Mitte November um 21 Uhr	Anfang November um 22 Uhr
Mitte Oktober um 23 Uhr	Anfang Oktober um 24 Uhr

Anblick des Himmels vom Zenit bis zum Südhorizont Im Zenit das W-förmige Sternbild Cassiopeia. Nach Süden folgen Andromeda mit dem Spiralnebel M31 (»Andromeda-Nebel«) und das großflächige Viereck des Pegasus. Weiter in Blickrichtung südlicher Horizont sind die Sternbilder arm an hellen Sternen. Der helle Stern Fomalhaut im Sternbild Piscis Austrinus (Südlicher Fisch) ist in diesen nördlichen Breiten noch nicht zu sehen. Sternreich wird die Himmelsgegend östlich vom Zenit mit den schon »winterlichen« Sternbildern Perseus, Taurus (Stier) und Auriga (Fuhrmann).

Das ausgewählte Sternbild Cassiopeia, das Sternbild, das am Himmel die Form eines W erkennen läßt. Blickt man nach Norden, steht dem Sternbild Cassiopeia das Sternbild Ursa Maior (Großer Bär), auch Großer Wagen genannt, gegenüber. Stern α Cassiopeiae, der Polarstern und der 3. Deichselstern des Großen Wagens (ε Ursa Maioris) lassen sich gradlinig miteinander verbinden. Der Beobachter entdeckt sternreiche Milchstraßenabschnitte und eine Anzahl offener Sternhaufen im Sternbild Cassiopeia.

Objekt für den Feldstecher und das kleine Fernrohr Doppelsternhaufen h und χ Persei, in der Mitte einer gedachten Verbindungslinie zwischen den Sternen α Cassiopeiae und α Persei. Der Doppelsternhaufen ist mit bloßen Augen zu erkennen. Der Feldstecher macht dann die Fülle der Einzelsterne deutlich. Dieser Doppelsternhaufen ist eines der schönsten Demonstrationsobjekte seiner Art am nördlichen Himmel. Bis zur Größe $15^{m}.5$ befinden sich in h (im Foto rechts) 340 Sterne und in χ (im Foto links) 300 Sterne.

Meteorstrom Geminiden vom 6. bis 17. Dezember. Radiant nahe dem Stern Castor im Sternbild Gemini (Zwillinge) am Osthimmel (s. Sternkarte Seite 51). Radiant ist die ganze Nacht über zu beobachten.

Milchstraße Quer vom Osthimmel nach Westen. Im Zenit sternreiche Abschnitte in der Umgebung des Sternbildes Cassiopeia.

Zodiakallicht Am Morgenhimmel (Osthorizont) aufsteigend in der Nähe der Ekliptik (»Tierkreislicht«).

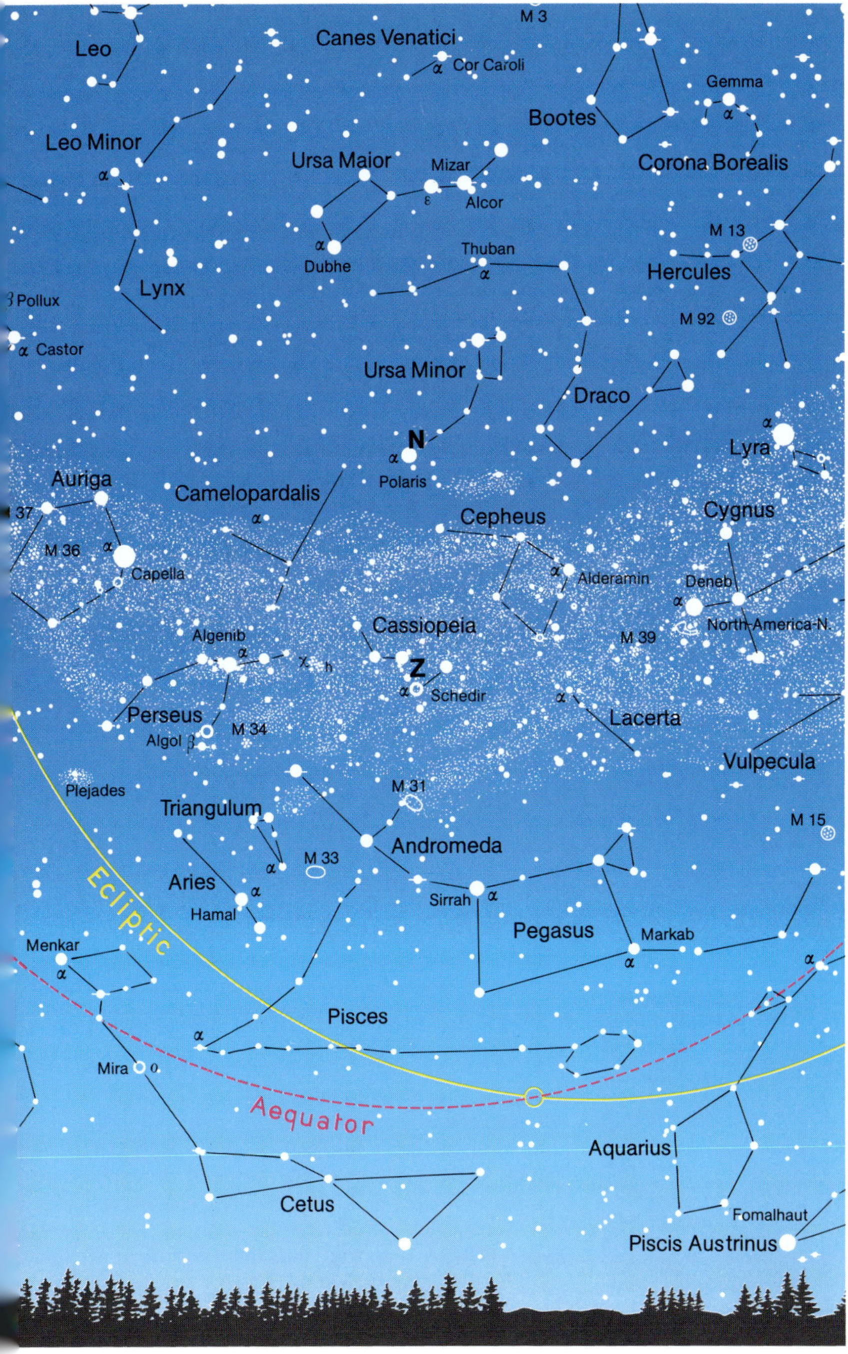

Leo
Canes Venatici
M 3
Cor Caroli
Gemma
Bootes
Corona Borealis
Leo Minor
Ursa Maior
Mizar
Alcor
Dubhe
Thuban
M 13
Hercules
Lynx
Pollux
Castor
M 92
Ursa Minor
Draco
N
Polaris
Lyra
Auriga
Camelopardalis
Cepheus
Cygnus
37
M 36
Capella
Alderamin
Deneb
Cassiopeia
Algenib
M 39
North-America-N.
Z
Schedir
Perseus
M 34
Algol
Lacerta
Vulpecula
Plejades
M 31
Triangulum
M 15
Andromeda
M 33
Aries
Hamal
Sirrah
Pegasus
Markab
Ecliptic
Menkar
Pisces
Mira
Aequator
Aquarius
Cetus
Fomalhaut
Piscis Austrinus

45° Nordbreite

(entspricht der geographischen Breite von Wladiwostok, Bukarest, Turin, Bordeaux, Ottawa und Minneapolis)

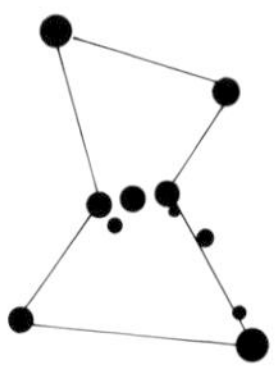

Orion

Großer Orion-Nebel

Der Sternhimmel Anfang Februar 20 Uhr
Blickrichtung zum südlichen Horizont

Mitte Februar um 19 Uhr	Anfang März um 18 Uhr
Mitte März um 17 Uhr	Anfang April um 16 Uhr
Mitte Januar um 21 Uhr	Anfang Januar um 22 Uhr
Mitte Dezember um 23 Uhr	Anfang Dezember um 24 Uhr

Anblick des Himmels vom Zenit bis zum Südhorizont Alle hellen Sterne der Wintersternbilder sind zu sehen. In Zenitnähe das Sternbild Auriga (Fuhrmann) mit dem hellen Stern Capella. Unterhalb das Sternbild Taurus (Stier) mit dem rötlichen Hauptstern Aldebaran und dabei die offenen Sternhaufen der Hyaden und der Plejaden (Siebengestirn). Zwischen Zenit und Südhorizont dominierend das Sternbild Orion, dessen rechteckige Form mit den 3 hellen Gürtelsternen nicht zu übersehen ist. Östlich davon das Sternbild Canis Maior (Großer Hund) mit dem hellen Sirius (hellster Stern am Himmel überhaupt!).

Das ausgewählte Sternbild Orion auf dem Himmelsäquator und von allen Orten der Erde aus beobachtbar. Stern α Orionis (arab. Beteigeuze) ist von auffällig rötlicher Färbung, ein Riesenstern mit dem 500fachen Durchmesser unserer Sonne. In der Sage ist Orion Jäger oder Krieger. Fast überall auf der Welt wird dieses Sternbild mit einer menschlichen Gestalt in Verbindung gebracht.

Objekt für den Feldstecher und das kleine Fernrohr Großer Orion-Nebel (M42), ein Gasnebel unterhalb der 3 »Gürtelsterne« des Orion. Der Nebel gehört zu unserer Milchstraße und wird von Sternen zum Leuchten angeregt. Eingebettet im Nebel ein auffälliger Vierfachstern. Wahrscheinlich handelt es sich hier um ein Sternentstehungsgebiet. Das Gas des Nebels besteht zu 60% aus Wasserstoff, zu 38% aus Helium und zu 2% aus Staub. Es lohnt sich mit an die Dunkelheit gewöhnten Augen (Wartezeit ca. 45 Minuten im Dunkeln!) zu beobachten. Erst dann werden die Nebelstrukturen schön sichtbar. Vergrößerung mit einem kleinen Refraktor am besten zwischen 50- und 100fach.

Milchstraße Das Band der Milchstraße zieht sich von Südosten nach Nordwesten. In Zenitnähe schöne Partien in den Sternbildern Auriga (Fuhrmann) und Perseus mit leicht zu erkennenden (Feldstecher!) offenen Sternhaufen.

Zodiakallicht Am Abendhimmel (Westhorizont) aufsteigend entlang der Ekliptik (»Tierkreislicht«).

M 3
Bootes
M 92
Wega
Lyra
Cygnus
Draco
Canes Venatici
Alcor
Mizar
Thuban
Deneb
North-America-N.
Ursa Minor
Alderamin
M 39
Lacerta
Ursa Maior
Dubhe
N
Polaris
Cepheus
Cassiopeia
Schedir
Leo Minor
Camelopardalis
Sirrah
M 31
Lynx
Andromeda
Algenib
M 34
M 33
Pollux
Castor
Capella
Z
Algol
Triangulum
Auriga
Perseus
Gemini
M 37
M 36
Hamal
Aries
M 35
Plejades
Pisces
Canis Minor
Ecliptic
Cetus
Aldebaran
Taurus
Monoceros
Hyades
Mira
Menkar
Beteigeuze
M 50
Aequator
Sirius
Orion
M 42
Rigel
Eridanus
M 41
Canis Maior
Lepus
Fornax
Columba
Caelum

45 °
Nordbreite

(entspricht der geographischen Breite von Wladiwostok, Bukarest, Turin, Bordeaux, Ottawa und Minneapolis)

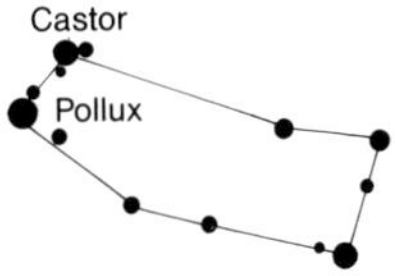

Zwillinge (Gemini)

offener Sternhaufen Praesepe

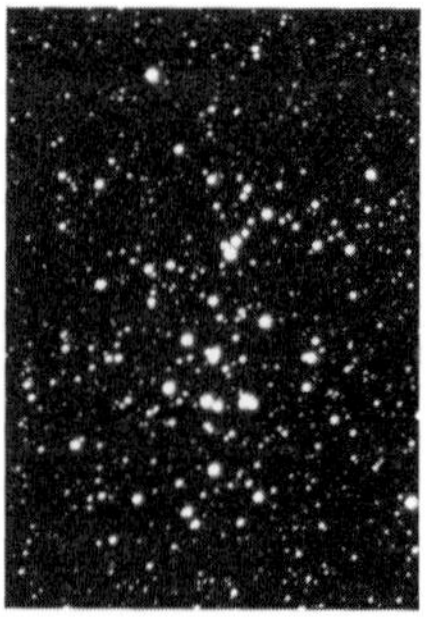

Der Sternhimmel Anfang April 20 Uhr
Blickrichtung zum südlichen Horizont

Mitte April um 19 Uhr	Anfang Mai um 18 Uhr
Mitte Mai um 17 Uhr	Anfang Juni um 16 Uhr
Mitte März um 21 Uhr	Anfang März um 22 Uhr
Mitte Februar um 23 Uhr	Anfang Februar um 24 Uhr

Anblick des Himmels vom Zenit bis zum Südhorizont Nordöstlich vom Zenit Ursa Maior (Großer Bär, Großer Wagen). Unterhalb schließt das Sternbild Leo (Löwe) mit dem hellen Stern Regulus an. Den Südwesthimmel beherrschen die Wintersternbilder. Am zenitnächsten das Sternbild Gemini (Zwillinge) mit den hellen und nahe beieinanderstehenden Sternen Castor und Pollux. Orion und Canis Maior (Großer Hund) nähern sich dem Südwesthorizont. Zwischen Zenit und Südhorizont das Sternbild Canis Minor (Kleiner Hund) mit dem hellen Stern Procyon. Mit Richtung auf den Südwesthorizont das ausgedehnte Sternbild Hydra (Wasserschlange). α Hydrae (Alphard) bildet mit Regulus und Procyon ein fast rechtwinkeliges Dreieck.

Das ausgewählte Sternbild Gemini (Zwillinge) ist das nördlichste Tierkreissternbild. Besonders einprägsam die hellen Hauptsterne Castor und Pollux. Am Westende des Sternbildes der mit bloßen Augen sichtbare offene Sternhaufen M35 mit über 100 Sternen.

Objekt für den Feldstecher und das kleine Fernrohr Hoch über dem Südhorizont, fast schon im Zenit findet der Beobachter in dem unscheinbaren Tierkreissternbild Cancer (Krebs) einen offenen Sternhaufen, den jeder Feldstecher in Einzelsterne auflöst. Er heißt Praesepe (Krippe, Bienenkorb) und trägt die Nummer M44. Man sucht ihn nördlich der Linie Regulus – Procyon, etwa in der Mitte der gedachten Verbindung. Die Sichtbarkeit charakterisiert den Zustand der Atmosphäre. In einer klaren, dunstfreien Nacht ist der Sternhaufen mit bloßen Augen als Nebelfleck erkennbar. Kommt Dunst auf, wird M44 unsichtbar.

Meteorstrom Virginiden im April. Radiant nördlich des Hauptsterns Spica im Sternbild Virgo (Jungfrau) am Osthimmel (s. Sternkarte Seite 55). Radiant ist im April von 22 Uhr bis 3 Uhr zu beobachten.

Milchstraße Senkrecht von Nordwest nach Süden. Sternreich in den Sternbildern Gemini (Zwillinge), Canis Maior und Minor (Großer und Kleiner Hund).

Zodiakallicht Am Abendhimmel (Westhorizont) aufsteigend entlang der Ekliptik (»Tierkreislicht«).

Lyra
Wega
Cygnus
Deneb
M 39
Lacerta
Pegasus
Sirrah
Andromeda
Hercules
M 13
M 92
Alderamin
Cepheus
M 31
Draco
Schedir
M 33
Cassiopeia
Ursa Minor
Triangulum
Bootes
N
Polaris
Thuban
M 34
Alcor
Mizar
Camelopardalis
Algenib
Algol
Perseus
Ursa Maior
Dubhe
Canes Venatici
Capella
Auriga
M 36
M 37
Z
Leo Minor
Lynx
M 35
Castor
Gemini
Pollux
Orion
Leo
Cancer
Beteigeuze
M 44
Praesepe
Regulus
Ecliptic
M 67
Canis Minor
Monoceros
Sextans
Procyon
Aequator
M 50
Sirius
Hydra
Alphard
M 41
M 46
Antlia
Canis Maior
Puppis
Pyxis

45° Nordbreite

(entspricht der geographischen Breite von Wladiwostok, Bukarest, Turin, Bordeaux, Ottawa und Minneapolis)

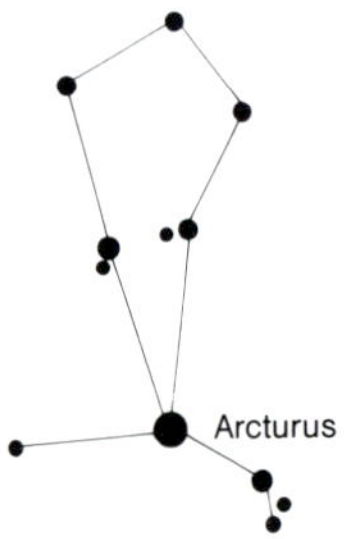

Bärenhüter (Bootes)

kugelförmiger Sternhaufen M5

Der Sternhimmel Anfang Juni 20 Uhr
Blickrichtung zum südlichen Horizont

Mitte Juni um 19 Uhr	Anfang Juli um 18 Uhr
Mitte Juli um 17 Uhr	Anfang August um 16 Uhr
Mitte Mai um 21 Uhr	Anfang Mai um 22 Uhr
Mitte April um 23 Uhr	Anfang April um 24 Uhr

Anblick des Himmels vom Zenit bis zum Südhorizont In Zenitnähe das Sternbild Ursa Maior (Großer Bär, Großer Wagen). Südöstlich davon das Sternbild Bootes mit dem hellen Stern Arcturus; südwestlich das Sternbild Leo (Löwe) mit dem hellen Stern Regulus. Südlich von Bootes das Sternbild Virgo (Jungfrau) mit dem hellen Stern Spica. Weiter südlich das kleine Sternbild Corvus (Rabe), dessen hellere Sterne ein Viereck bilden. Dicht über dem Südhorizont die ersten Sterne des Sternbildes Centaurus (Centaur).

Das ausgewählte Sternbild Bootes (Bärenhüter) mit dem hellen Hauptstern α Bootis. Er wird auch Arcturus (Hüter des Bären) genannt. Sein arabischer Name lautet Al Harisa al Sama (Wächter des Himmels). Der Stern fällt nicht nur wegen seiner Helligkeit, sondern auch wegen seiner Farbe auf. Er leuchtet deutlich rotgelb. Scheinbare Helligkeit $-0^{m}.1$. Arcturus bildet mit den Sternen Regulus und Spica ein gleichschenkeliges Dreieck.

Objekt für den Feldstecher und das kleine Fernrohr Der kugelförmige Sternhaufen M5 südöstlich von α Bootis (Arcturus). Eine Hilfestellung beim Aufsuchen bieten Sterne der Sternbilder Libra (Waage) und Serpens (Schlange), z. B. α Serpentis (Unuk), s. Sternkarte auf Seite 57. Der kugelförmige Sternhaufen M5 hat die scheinbare Helligkeit $6^{m}.3$. Eine Auflösung in Einzelsterne gelingt mit einem kleinen astronomischen Fernrohr bei etwa 40facher Vergrößerung. Aber auch mit dem Feldstecher ist das Objekt gut zu beobachten. Da das Umfeld verhältnismäßig arm an helleren Sternen ist, hebt sich der kugelförmige Sternhaufen ab.

Meteorstrom Juni-Lyriden Mitte Juni. Radiant (s. Sternkarte Seite 57) südlich des hellen Sterns Wega im Sternbild Lyra (Leier) am Osthimmel. Radiant im Juni die ganze Nacht über zu beobachten.

Milchstraße Das Band der Milchstraße zieht von Südosten nach Nordwesten. Wegen Horizontnähe Beobachtung nicht günstig. Erst gegen Mitternacht kommt im Juni die Milchstraße über dem Südhorizont voll zur Geltung.

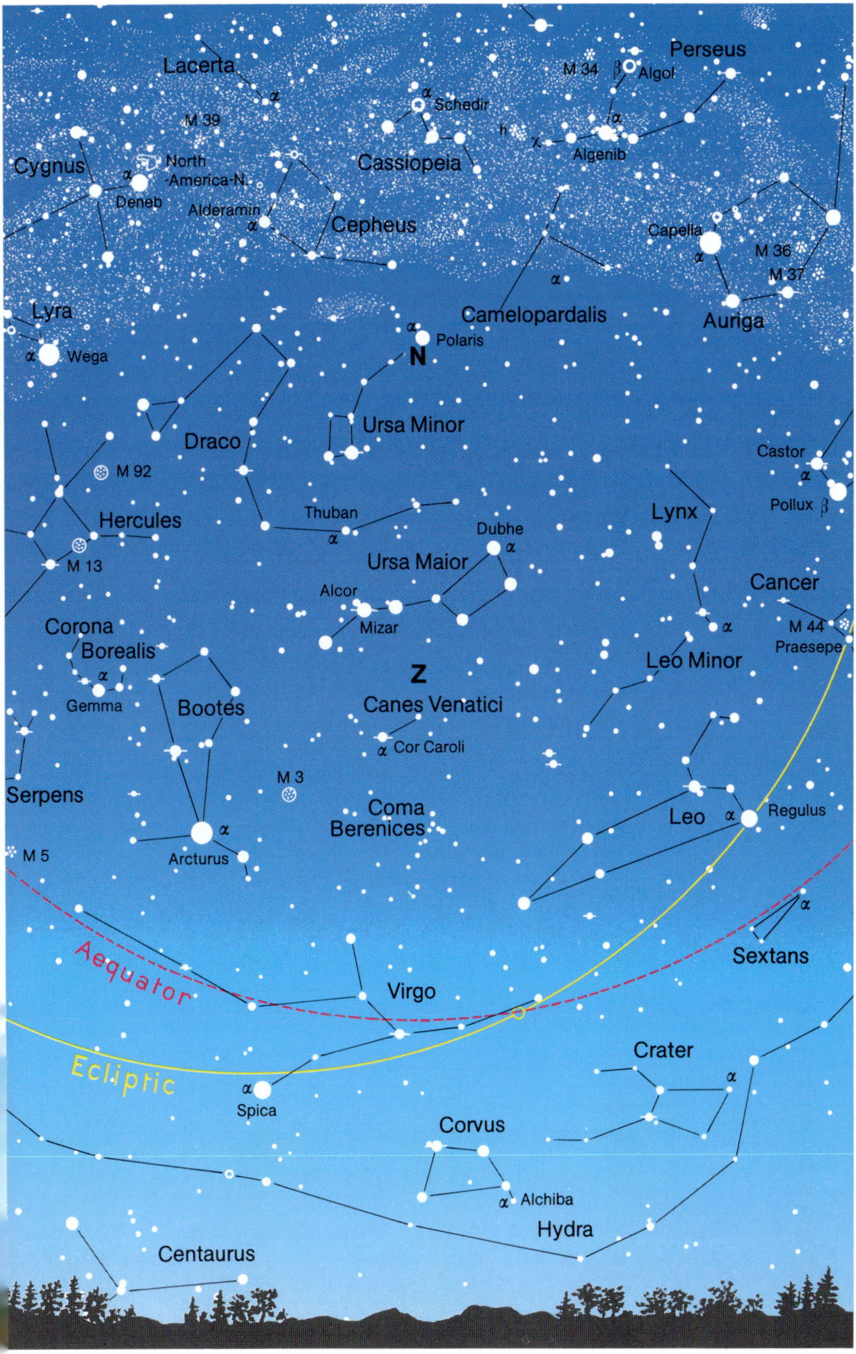

Lacerta
M 39
Cygnus
North -America-N.
Deneb
Alderamin
Cepheus
Schedir
Cassiopeia
h
χ
M 34
Algol
Perseus
Algenib
Capella
M 36
M 37
Auriga
Camelopardalis
Lyra
Wega
Polaris
N
Ursa Minor
Draco
M 92
Hercules
M 13
Thuban
Dubhe
Ursa Maior
Alcor
Mizar
Castor
Pollux
Lynx
Cancer
M 44
Praesepe
Leo Minor
Corona Borealis
Gemma
Bootes
Z
Canes Venatici
Cor Caroli
Serpens
M 3
Coma Berenices
Leo
Regulus
M 5
Arcturus
Sextans
Aequator
Virgo
Ecliptic
Spica
Crater
Corvus
Alchiba
Hydra
Centaurus

45° Nordbreite

(entspricht der geographischen Breite von Wladiwostok, Bukarest, Turin, Bordeaux, Ottawa und Minneapolis)

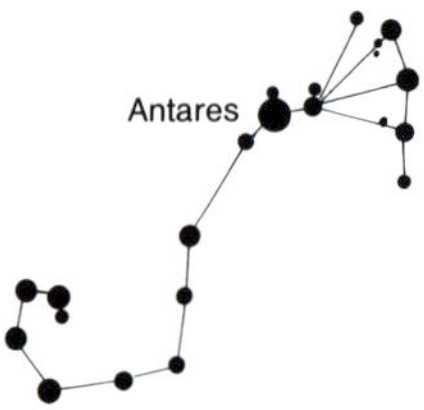

Skorpion (Scorpius)

kugelförmiger Sternhaufen M 13

Der Sternhimmel Anfang August 20 Uhr
Blickrichtung zum südlichen Horizont

Mitte August um 19 Uhr	Anfang September um 18 Uhr
Mitte September um 17 Uhr	Anfang Oktober um 16 Uhr
Mitte Juli um 21 Uhr	Anfang Juli um 22 Uhr
Mitte Juni um 23 Uhr	Anfang Juni um 24 Uhr

Anblick des Himmels vom Zenit bis zum Südhorizont Im Zenit nördliche Teile des Sternbildes Hercules. Östlich das Sternbild Lyra (Leier) mit dem hellen Stern Wega, der den westlichen Punkt des »Sommerdreiecks« markiert. Westlich das kleine, aber wegen seiner halbbogenförmigen Sternreihung auffallende Sternbild Corona Borealis (Nördliche Krone) und das Sternbild Bootes (Bärenhüter) mit dem hellen, auffällig rötlichgelben Stern Arcturus. Südlich des Hercules die ausgedehnten Sternbilder Ophiuchus (Schlangenträger) und Serpens (Schlange). Über dem Südhorizont erhebt sich das Sternbild Scorpius (Skorpion).
Das ausgewählte Sternbild Scorpius (Skorpion) ist Tierkreissternbild. Das Sternbild ist über dem Südhorizont in seiner ganzen Ausdehnung zu sehen, also auch die »Schwanzsterne«. Auffallend der helle rötliche Hauptstern Antares (»Rivale des Mars«), der 850mal größer als unsere Sonne ist. Dicht bei Antares der kugelförmige Sternhaufen M 4, der bereits im »Dreizöller« am Rand in Einzelsterne aufgelöst werden kann.
Objekt für den Feldstecher und das kleine Fernrohr Der kugelförmige Sternhaufen M 13 im Sternbild Hercules von der Größenklasse 5^m. Mit bloßen Augen als verwaschener Stern erkennbar. Etwa in der Mitte einer gedachten Verbindungslinie zwischen den hellen Sternen Wega im Sternbild Lyra (Leier) und Arcturus im Sternbild Bootes (Bärenhüter) zu suchen. Der Kugelhaufen hat den beachtlichen scheinbaren Durchmesser von 23 Bogenminuten und ist damit nicht nur der schönste, sondern auch der größte des Nordhimmels.
Meteorstrom Perseiden Mitte Juli bis Mitte August. Radiant (s. Seite 51) im Sternbild Perseus nordwestlich des Sterns α Persei (Algenib). Im August besonders gut nach Mitternacht am Nordosthimmel zu beobachten. Bekannt auch unter dem Namen »Laurentius-Tränen«.
Milchstraße Von Nord nach Süd verläuft das Band der sommerlichen Milchstraße mit besonders schönen Ausschnitten im Bereich des »Sommerdreiecks« und des Sternbildes Sagittarius (Schütze).

Algol
Capella
M 34
Algenib
Auriga
Perseus
Andromeda
Cancer
Sirrah
M 31
Camelopardus
Lynx
Schedir
Cassiopeia
Leo Minor
Cepheus
Polaris
N
Ursa Major
Lacerta
Dubhe
Ursa Minor
Aldemarin
M 39
Thuban
Deneb
Alcor
Mizar
Cygnus
Cor Caroli
Canes Venatici
Draco
Lyra
M 92
Z
M 3
Albireo
Vega
Bootes
Coma Berenices
Sagitta
M 13
Hercules
Corona Borealis
Aquila
Arcturus
Gemma
Ras-Alhague
Ras Algethi
Serpens
Unuk
M 5
Scutum
Aequator
Ophiuchus
M 16
Libra
M 24
Ecliptic
M 8
M 7
M 6
Antares
Scorpius
M 4
Lupus

45°
Nordbreite

(entspricht der geographischen Breite von Wladiwostok, Bukarest, Turin, Bordeaux, Ottawa und Minneapolis)

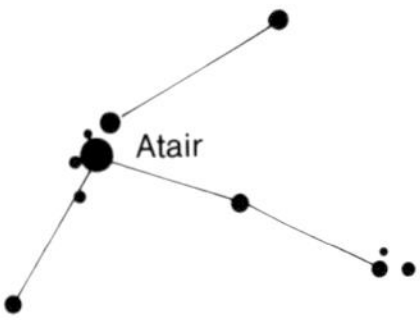

Adler (Aquila)

Nordamerika-Nebel

Der Sternhimmel Anfang Oktober 20 Uhr
Blickrichtung zum südlichen Horizont

Anfang Dezember um 16 Uhr	Mitte November um 17 Uhr
Anfang November um 18 Uhr	Mitte Oktober um 19 Uhr
Anfang September um 22 Uhr	Mitte September um 21 Uhr
Anfang August um 24 Uhr	Mitte August um 23 Uhr

Anblick des Himmels vom Zenit bis zum Südhorizont Über dem Beobachter das Sternbild Cygnus (Schwan). Stern α Cygni (Deneb) ist ein Markierungsstern des »Sommerdreiecks«. Die beiden anderen Markierungssterne α Lyrae (Wega) und α Aquilae (Atair) befinden sich ebenfalls hoch am Himmel südwestlich vom Zenit. Vergleichsweise ist der übrige Sternhimmel bis hin zum Südhorizont arm an hellen Sternen. Östlich vom Zenit bilden die Sterne des Pegasus ein großflächiges Viereck am Himmel.

Das ausgewählte Sternbild Das Sternbild Aquila (Adler) gleicht tatsächlich einem fliegenden Vogel, dessen Kopf der Stern α Aquilae (Atair) ist. Das Sternbild ist »Äquatorsternbild« und auf der ganzen Erde zu sehen. Mit prächtigen Milchstraßenausschnitten.

Objekt für den Feldstecher und das kleine Fernrohr NGC 7000 oder »Nordamerika-Nebel«. M. Wolf in Heidelberg, der ihn 1890 erstmals fotografierte, gab dem Objekt den Namen wegen der Ähnlichkeit mit den Konturen Nordamerikas. Im Feldstecher ist der Nebel nicht einfach zu beobachten. Voraussetzung sind eine klare, dunkle Nacht und gut dunkeladaptierte Beobachteraugen. Der Nordamerika-Nebel ist ein Gasnebel wie der Große Orion-Nebel (s. Seite 50).

Meteorstrom Giacobiniden in den Tagen um den 10. Oktober. Radiant im Sternbild Draco (Drache) am Nordwesthimmel. Materieteilchen des Kometen Giacobini-Zinner (1900 III).

Milchstraße Vom nordöstlichen Horizont verläuft die Milchstraße quer über den Himmel nach Südwesten. Besonders schöne Milchstraßenpartien in den Sternbildern des »Sommerdreiecks« sowie im Sternbild Sagittarius (Schütze) im Südwesten in Horizontnähe.

Zodiakallicht In der zweiten Oktoberhälfte am Morgenhimmel (s. Sternkarte Seite 51). Aufsuchen am Osthorizont aufsteigend in der Nähe der Ekliptik (daher auch der Name »Tierkreislicht«).

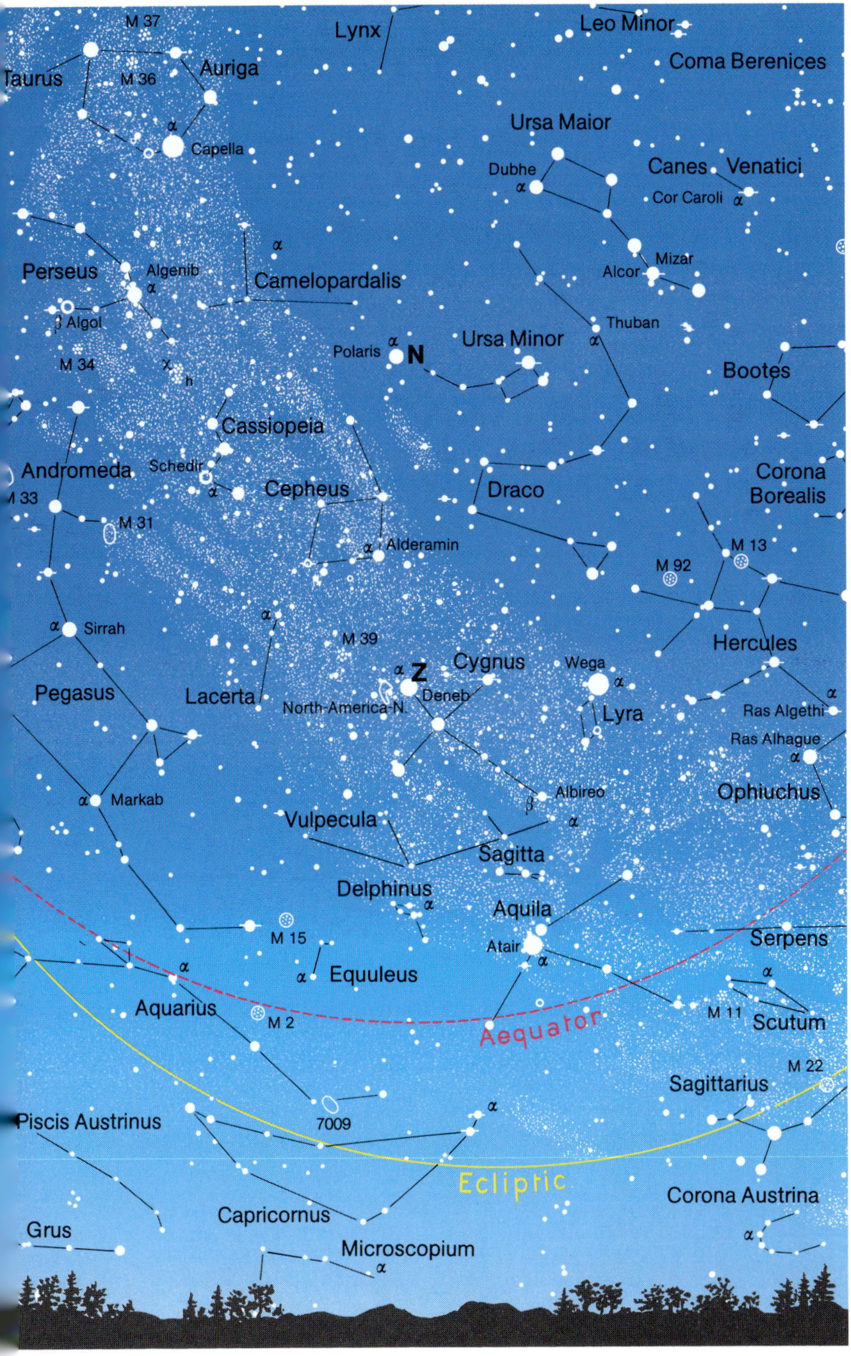
Lynx
Leo Minor
Coma Berenices
Taurus
M 37
M 36
Auriga
Capella
Ursa Maior
Dubhe
Canes Venatici
Cor Caroli
Perseus
Algenib
Camelopardalis
Mizar
Alcor
Algol
Thuban
Polaris
N
Ursa Minor
M 34
Bootes
Cassiopeia
Andromeda
Schedir
Cepheus
Draco
Corona Borealis
M 33
M 31
Alderamin
M 13
M 92
Sirrah
M 39
Hercules
Cygnus
Z
Wega
Pegasus
Lacerta
Deneb
North-America-N.
Lyra
Ras Algethi
Ras Alhague
Markab
Albireo
Ophiuchus
Vulpecula
Sagitta
Delphinus
Aquila
M 15
Atair
Serpens
Equuleus
Aquarius
M 2
Aequator
M 11
Scutum
M 22
Sagittarius
Piscis Austrinus
7009
Ecliptic
Corona Austrina
Capricornus
Grus
Microscopium

45 ° Nordbreite

(entspricht der geographischen Breite von Wladiwostok, Bukarest, Turin, Bordeaux, Ottawa und Minneapolis)

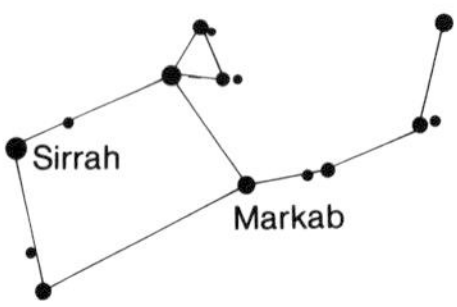

Pegasus

Andromeda-Nebel

Der Sternhimmel Anfang Dezember 20 Uhr
Blickrichtung zum südlichen Horizont

Anfang Februar um 16 Uhr	Mitte Januar um 17 Uhr
Anfang Januar um 18 Uhr	Mitte Dezember um 19 Uhr
Anfang November um 22 Uhr	Mitte November um 21 Uhr
Anfang Oktober um 24 Uhr	Mitte Oktober um 23 Uhr

Anblick des Himmels vom Zenit bis zum Südhorizont Das Sternbild Andromeda steht im Zenit. Das großflächige Viereck des Pegasus schließt südwestlich an. Weiter in Blickrichtung zum südlichen Horizont sind die Sternbilder auffällig arm an hellen Sternen. Ausgedehnt am südöstlichen Himmel das Sternbild Cetus (Walfisch). Ein »einsamer« heller Stern im Südwesten über dem Horizont α Piscis Austrini (Südlicher Fisch). Sein Name ist Fomalhaut. Er ist $1^{m}.3$ scheinbare Größenklassen hell.

Das ausgewählte Sternbild Andromeda ist als Fortsetzung des Pegasus-Vierecks mit 4 helleren Sternen, die eine leicht gekrümmte Linie bilden, am Nordhimmel ein auffälliges Gebilde. Stern α Andromedae (Sirrah) ist auch Eckstern des Pegasus-Vierecks. Am weitesten östlich der Stern γ Andromedae, arabisch Alamak. Er ist ein Doppelstern mit einem orange leuchtenden helleren Stern und einem weißen schwächeren Begleiter. Im kleinen Fernrohr bequem zu trennen.

Objekt für den Feldstecher und das kleine Fernrohr Der berühmte Spiralnebel im Sternbild Andromeda. Schon mit freiem Auge in dunkler Nacht als länglicher Lichtfleck oberhalb des mittleren Andromeda-Sterns zu sehen. Der Andromeda-Nebel (M31) ist eine der nächsten Galaxien. Zusammen mit unserem Milchstraßensystem und 44 anderen Galaxien bildet er die »Lokale Gruppe«. Zu ihr gehören auch die beiden Magellanschen Wolken (s. Seite 86 und Seite 94). Im Feldstecher erkennt man deutlich die Form. Im kleineren Fernrohr erscheint der Kern kräftiger. Spiralarme und Einzelsterne lassen sich nur fotografisch erfassen.

Meteorstrom Geminiden vom 6. bis 17. Dezember. Radiant nahe dem Stern Castor im Sternbild Gemini (Zwillinge) am Osthimmel (s. Sternkarte Seite 51). Radiant ist die ganze Nacht über zu beobachten.

Milchstraße Quer vom Osthimmel nach Westen. Schöne Partien in der Umgebung des Sternbildes Cassiopeia nahe dem Zenit.

Zodiakallicht Am Morgenhimmel (Osthorizont) aufsteigend in der Nähe der Ekliptik (»Tierkreislicht«).

Leo Minor
Bootes
Ursa Maior
Mizar
Alcor
Dubhe
Lynx
β Pollux
α Castor
Thuban
M 13
Hercules
M 92
Ursa Minor
Draco
Lyra
Wega
N
Polaris
Auriga
M 37
M 36
Capella
Camelopardalis
Cepheus
Cygnus
Alderamin
Deneb
M 39
North-America-N.
Cassiopeia
Algenib
χ h
Schedir
Lacerta
Vulpecula
Algol
Perseus
M 34
Z
Plejades
Triangulum
M 31
Andromeda
M 15
Aries
Ecliptic
M 33
Hamal
Sirrah
Pegasus
Markab
Menkar
Pisces
Mira
Aequator
Aquarius
Cetus
Fomalhaut
Sculptor
Piscis Austrinus

20° Nordbreite

(entspricht der geographischen Breite von Hanoi, Bombay, Mekka und Mexico City)

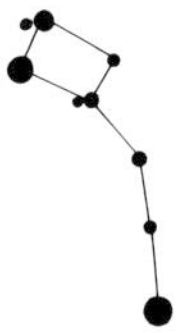

Kleiner Bär, Kleiner Wagen (Ursa Minor)

offener Sternhaufen M41

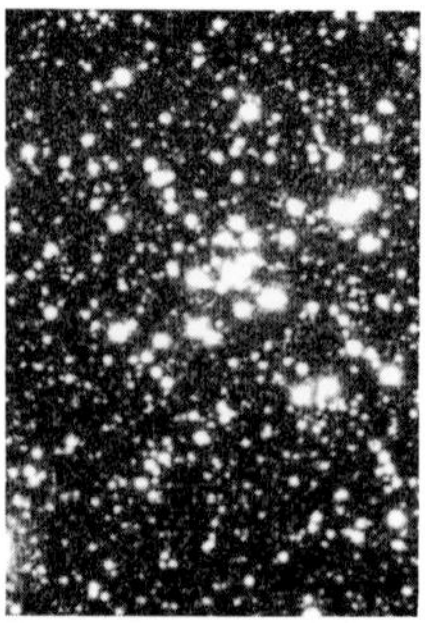

Der Sternhimmel Anfang Februar 20 Uhr
Blickrichtung zum südlichen Horizont

Mitte Februar um 19 Uhr	Anfang März um 18 Uhr
Mitte März um 17 Uhr	Anfang April um 16 Uhr
Mitte Januar um 21 Uhr	Anfang Januar um 22 Uhr
Mitte Dezember um 23 Uhr	Anfang Dezember um 24 Uhr

Anblick des Himmels vom Zenit bis zum Südhorizont Für einen Reisenden aus Nordeuropa gibt es eine Menge Überraschungen. Das Sternbild Taurus (Stier) mit dem rötlichen Hauptstern Aldebaran steht im Zenit. Hoch am Himmel die Sternbilder Orion, Gemini (Zwillinge), Canis Minor (Kleiner Hund) und Canis Maior (Großer Hund) mit dem strahlend hellen Stern Sirius. Südlich vom Sirius leuchtet der zweithellste Stern des Himmels: Canopus ($-0^m.7$), Hauptstern des Sternbilds Carina (Schiffskiel). 2 kleinere Sternbilder schließen südlich an den Orion an: Lepus (Hase) und Columba (Taube). Die Sterne Rigel (Orion), Sirius (Canis Maior) und Canopus (Carina) bilden ein rechtwinkliges Dreieck (Rechter Winkel bei Sirius).

Das ausgewählte Sternbild Das Sternbild Ursa Minor (Kleiner Bär) ist bekannt wegen des Hauptsterns: Polaris, der Polarstern (s. auch Seite 14ff.). Als Leitstern für die Orientierung nach Norden war das Sternbild den seefahrenden Phöniziern bekannt. Von ihnen soll Thales von Milet den Namen Kleiner Bär übernommen und den Griechen bekannt gemacht haben.

Objekt für den Feldstecher und das kleine Fernrohr Der offene Sternhaufen M41 im Sternbild Canis Maior (Großer Hund). Etwa 4° südlich des hellen Sterns Sirius entdeckt der Beobachter ein sternreiches Gebiet mit einem rötlich leuchtenden Stern in der Mitte. Es ist M41, für die Beobachtung mit dem Feldstecher ein dankbares Objekt. Die Gesamthelligkeit liegt bei 5^m. Unter sehr guten Luftverhältnissen ist M41 als Nebelfleck mit bloßen Augen zu sehen.

Milchstraße Die Milchstraße steht hoch am Himmel und dehnt sich zwischen Nordwest- und Südwesthorizont aus. Besonders sternreiche Felder in den Sternbildern Canis Minor (Kleiner Hund), Monoceros (Einhorn) und Puppis (Hinterdeck des Schiffes).

Zodiakallicht Mit wachsender Nähe zum Äquator verbessert sich die Beobachtbarkeit des Zodiakallichts (»Tierkreislicht«). Seine Helligkeit erreicht die Helligkeit der Milchstraße. Entlang der Ekliptik am Morgen- und Abendhimmel beobachtbar.

Ursa Maior
Thuban
Ursa Minor
Dubhe
Draco
Cepheus
Alderamin
Lacerta
N
Polaris
Leo Minor
Cassiopeia
Schedir
Andromeda
Camelopardalis
Lynx
Sirrah
M 31
Algenib
M 34
M 33
Auriga
Capella
Triangulum
Pollux
Castor
Algol
Gemini
Perseus
Hamal
M 37
M 36
Aries
Canis Minor
M 35
Plejades
Pisces
Taurus
Ecliptic
Monoceros
Z
Hyades
Aldebaran
Mira
Orion
Menkar
Cetus
Beteigeuze
M 50
Aequator
Sirius
M 42
Eridanus
M 41
Rigel
Canis Maior
Fornax
Lepus
Columba
Caelum
Horologium
Carina
Pictor
Canopus
Dorado
Reticulum

20° Nordbreite

(entspricht der geographischen Breite von Hanoi, Bombay, Mekka und Mexico City)

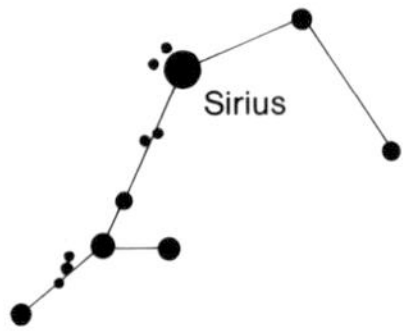

Großer Hund
(Canis Maior)

Galaxie M66

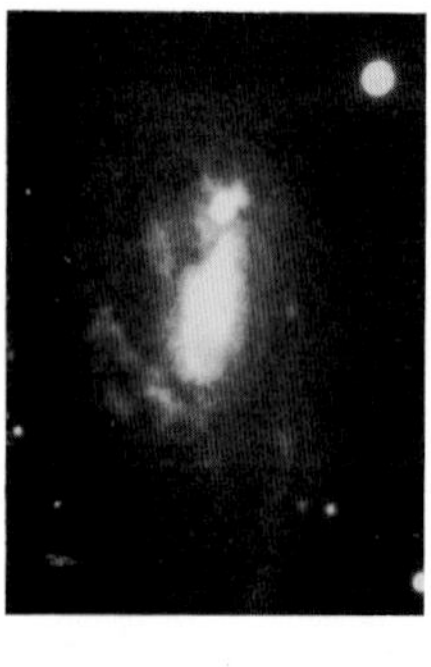

Der Sternhimmel Anfang April 20 Uhr
Blickrichtung zum südlichen Horizont

Mitte April um 19 Uhr	Anfang Mai um 18 Uhr
Mitte Mai um 17 Uhr	Anfang Juni um 16 Uhr
Mitte März um 21 Uhr	Anfang März um 22 Uhr
Mitte Februar um 23 Uhr	Anfang Februar um 24 Uhr

Anblick des Himmels vom Zenit bis zum Südhorizont Das Tierkreissternbild Cancer (Krebs) ist im Zenit. Westlich davon stehen hoch am Himmel die Sternbilder Gemini (Zwillinge) und Canis Minor (Kleiner Hund). Nachbar im Osten ist das Sternbild Leo (Löwe). Der Südhimmel ist verhältnismäßig arm an hellen Sternen. Es schließen an die Sternbilder Hydra (Wasserschlange), Antlia (Luftpumpe), Pyxis (Kompaß) und Puppis (Hinterdeck des Schiffes). Erst das Sternbild Vela (Segel) bringt wieder eine Reihe Sterne 2. Größenklasse. Am Südwesthimmel glänzen die zwei hellen Sterne Sirius (Canis Maior) und Canopus (Carina). Das Sternbild Carina (Schiffskiel), das sehr sternreich ist, erstreckt sich über dem Südhorizont.

Das ausgewählte Sternbild Canis Maior (Großer Hund) mit dem Hauptstern Sirius, dem hellsten Stern am Himmel überhaupt ($-1^{m}.4$). Dieser Stern wird auch »Hundsstern« genannt, dessen Frühaufgang in den Hochsommer der Nordbreiten fällt und Tage hochsommerlicher Wärme einleiten soll (»Hundstage«).

Objekt für den Feldstecher und das kleine Fernrohr Die Galaxie M66 gehört zu einer Gruppe von extragalaktischen Systemen im Sternbild Löwe. Sie findet sich nahe dem hellen Stern 73 Leonis ($5^{m}.5$). Die Gesamthelligkeit von M66 beträgt 9^{m}. Für Feldstecher ein schwieriges Objekt. Unmittelbar neben M66 befindet sich die Galaxie M65 mit der Helligkeit 10^{m}. Das Aussehen beider Galaxien ist mit demjenigen des Andromeda-Nebels (s. Seite 60) vergleichbar. Mit einem Spiegelteleskop von 20 cm Öffnung sind diese Galaxien aufzufinden. Die Struktur des nebenstehenden Fotos kann der Beobachter allerdings nicht sehen.

Meteorstrom Virginiden im April. Radiant nördlich des Hauptsterns Spica im Sternbild Virgo (Jungfrau) am Osthimmel (s. Sternkarte auf Seite 55). Radiant ist im April von 22 Uhr bis 3 Uhr zu beobachten.

Milchstraße Schöne Ausschnitte in den Sternbildern Puppis (Hinterdeck des Schiffes) und Vela (Segel).

Zodiakallicht Entlang der Ekliptik (»Tierkreislicht«) am Morgen- und Abendhimmel beobachtbar.

Draco
Cepheus
Schedir
Andromeda
M 33
Cassiopeia
Ursa Minor
Triangulum
h
χ
N
Polaris
M 34
Bootes
Thuban
β
Algol
Alcor
Camelopardalis
Algenib
Mizar
Perseus
Ursa Maior
Cor Caroli
Dubhe
Canes Venatici
Capella
Auriga
Taurus
M 36
Lynx
Leo Minor
M 37
M 35
Castor
Gemini
Leo
Pollux
Orion
M 66
Beteigeuze
Cancer
Praesepe M 44
Z
Regulus
Ecliptic
M 67
Canis Minor
Procyon
Sextans
M 50
Aequator
Sirius
Hydra
Monoceros
Alphard
M 41
M 46
Antlia
Canis Maior
Puppis
Pyxis
Vela
Carina
3372
2581

20° Nordbreite

(entspricht der geographischen Breite von Hanoi, Bombay, Mekka und Mexico City)

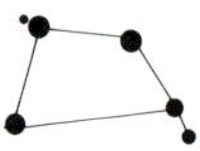

Rabe (Corvus)

Galaxie M 104

Der Sternhimmel Anfang Juni 20 Uhr

Blickrichtung zum südlichen Horizont

Mitte Juni um 19 Uhr	Anfang Juli um 18 Uhr
Mitte Juli um 17 Uhr	Anfang August um 16 Uhr
Mitte Mai um 21 Uhr	Anfang Mai um 22 Uhr
Mitte April um 23 Uhr	Anfang April um 24 Uhr

Anblick des Himmels vom Zenit bis zum Südhorizont Über dem Beobachter das an hellen Sternen arme Sternbild Coma Berenices (Haar der Berenice), flankiert vom Sternbild Bootes mit dem rötlichen Stern Arcturus im Osten und Leo (Löwe) mit dem hellen Stern Regulus im Westen. Nach Süden folgt das Sternbild Virgo (Jungfrau) mit dem hellen Stern Spica. Direkt im Süden hat der Beobachter in mittlerer Höhe das kleine Sternbild Corvus (Rabe) vor sich, dessen hellere Sterne ein unregelmäßiges Viereck bilden. Am Südhorizont 2 markante Sternbilder des Südhimmels: Centaurus (Centaur) und Crux (Kreuz des Südens).

Das ausgewählte Sternbild Corvus (Rabe) südlich des Sternbilds Virgo (Jungfrau) ist wegen der viereckigen Anordnung seiner 4 wichtigsten, gleich hellen Sterne ein einprägsames unter den kleineren Sternbildern.

Objekt für den Feldstecher und das kleine Fernrohr Nördlich des Sterns δ Corvi sucht der Beobachter M 104. Mit der Helligkeit $8^{m}.7$ ist diese Galaxie unter den extragalaktischen Objekten ein helleres. Sie gehört zu den Ausläufern eines ausgedehnten Galaxien-Haufens mit dem Schwerpunkt in den Sternbildern Jungfrau und Coma Berenices. Es lohnt mit einem mittleren mit Weitwinkelokularen ausgestatteten Fernrohr bei Vergrößerungen von 20- bis 50fach vom Sternbild Corvus nordwärts bis zum Zenit auf »Jagd« zu gehen (Spiegelfernrohr mit 15 bis 20 cm Öffnung).

Meteorstrom Juni-Lyriden Mitte Juni. Radiant südlich des hellen Sterns Wega im Sternbild Lyra (Leier) am Osthimmel (s. Sternkarte Seite 57). Radiant im Juni die ganze Nacht über zu beobachten.

Milchstraße Milchstraße ist nur in Horizontnähe (Osten, Süden, Westen und Norden!) zu sehen. Erst im Verlauf der Nacht gelangen eindrucksvolle Partien in Meridiannähe (Sternbilder Scorpius und Sagittarius).

Zodiakallicht Mit wachsender Nähe zum Äquator verbessert sich die Beobachtbarkeit des Zodiakallichts (»Tierkreislicht«). Seine Helligkeit erreicht die Helligkeit der Milchstraße. Entlang der Ekliptik am Morgenhimmel (Osten) und Abendhimmel (Westen) beobachtbar.

Alderamin
Cygnus
Cepheus
Capella
M 36
M 37
Camelopardalis
Auriga
Lyra
Wega
Polaris
N
Draco
Ursa Minor
Gemini
Castor
Pollux
M 92
Hercules
Thuban
Lynx
M 13
Dubhe
Alcor
Cancer
Corona Borealis
Mizar
Ursa Maior
Gemma
Leo Minor
Canes Venatici
Bootes
Cor Caroli
Serpens
M 3
Coma Berenices
Leo
Regulus
M 5
Arcturus
Z
Virgo
Sextans
Aequator
Ecliptic
Crater
Spica
M 104
Corvus
Alchiba
Hydra
Centaurus
5139
Vela
4755
Crux

20° Nordbreite

(entspricht der geographischen Breite von Hanoi, Bombay, Mekka und Mexico City)

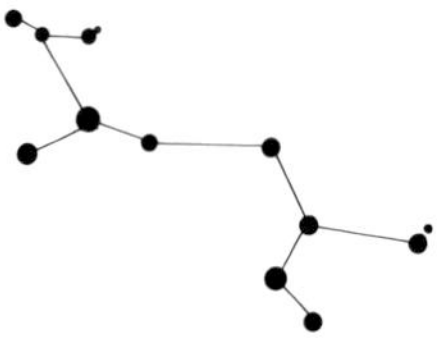

Schütze (Sagittarius)

offener Sternhaufen M7

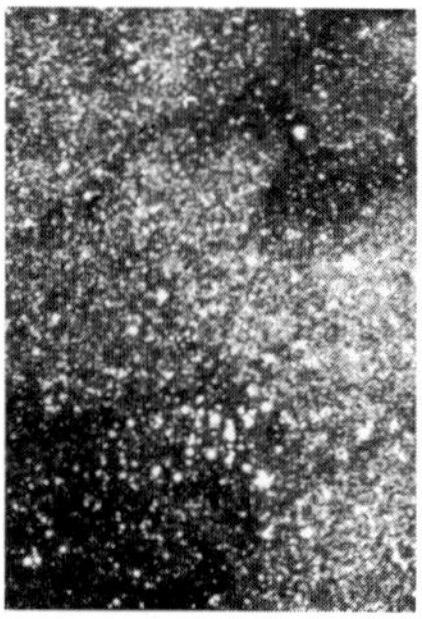

Der Sternhimmel Anfang August 20 Uhr
Blickrichtung zum südlichen Horizont

Mitte August um 19 Uhr	Anfang September um 18 Uhr
Mitte September um 17 Uhr	Anfang Oktober um 16 Uhr
Mitte Juli um 21 Uhr	Anfang Juli um 22 Uhr
Mitte Juni um 23 Uhr	Anfang Juni um 24 Uhr

Anblick des Himmels vom Zenit bis zum Südhorizont Im Zenit eine sternarme Region des südlichen Teils des Sternbilds Hercules. Den schönsten Anblick bietet zwischen Zenit und Südhorizont das Sternbild Scorpius (Skorpion) mit dem rötlich strahlenden Hauptstern Antares, der sich nahe der Nord-Süd-Linie am Beobachtungsort befindet. Im Osten flankiert vom Sternbild Sagittarius (Schütze), das ebenfalls wegen seiner schönen Milchstraßenabschnitte berühmt ist.

Das ausgewählte Sternbild Sagittarius (Schütze) zählt zu den Tierkreissternbildern. Das Sternbild ist besonders reich an offenen Sternhaufen und Kugelsternhaufen sowie an Gasnebeln. Bereits bei einem »Spaziergang« mit dem Feldstecher kann sich der Sternfreund davon mühelos überzeugen. Besonders interessant der westliche Teil des Sternbilds nahe dem Sternbild Scorpius (Skorpion).

Objekt für den Feldstecher und das kleine Fernrohr Nahe den »Schwanzsternen« des Skorpions die offenen Sternhaufen M6 und M7. Eine Milchstraßenwolke macht es nicht ganz einfach, M7 aus dem Sterngewirr sofort herauszufinden. M7 hat zahlreiche Sterne mit Helligkeiten von 8^m bis 12^m. Mit bloßen Augen erkennt man den Sternhaufen als nebligen Fleck.

Meteorstrom Perseiden Mitte Juli bis Mitte August. Radiant im Sternbild Perseus nordwestlich des Sterns α Persei (Algenib). Im August besonders gut nach Mitternacht am Nordosthimmel zu beobachten. Bekannt auch unter dem Namen »Laurentius-Tränen«.

Milchstraße Von Nord nach Süd zieht das Band der Milchstraße und bietet dem Beobachter überwältigende Beobachtungsmöglichkeiten in Form von Sternwolken, Gas- und Dunkelnebeln, offenen Sternhaufen und Kugelsternhaufen. In 20° Nordbreite sind es dabei vor allem die Abschnitte südlich des Himmelsäquators, die Aufmerksamkeit verdienen.

Zodiakallicht Mit wachsender Nähe zum Äquator verbessert sich die Beobachtbarkeit des Zodiakallichts (»Tierkreislicht«). Seine Helligkeit erreicht die Helligkeit der Milchstraße.

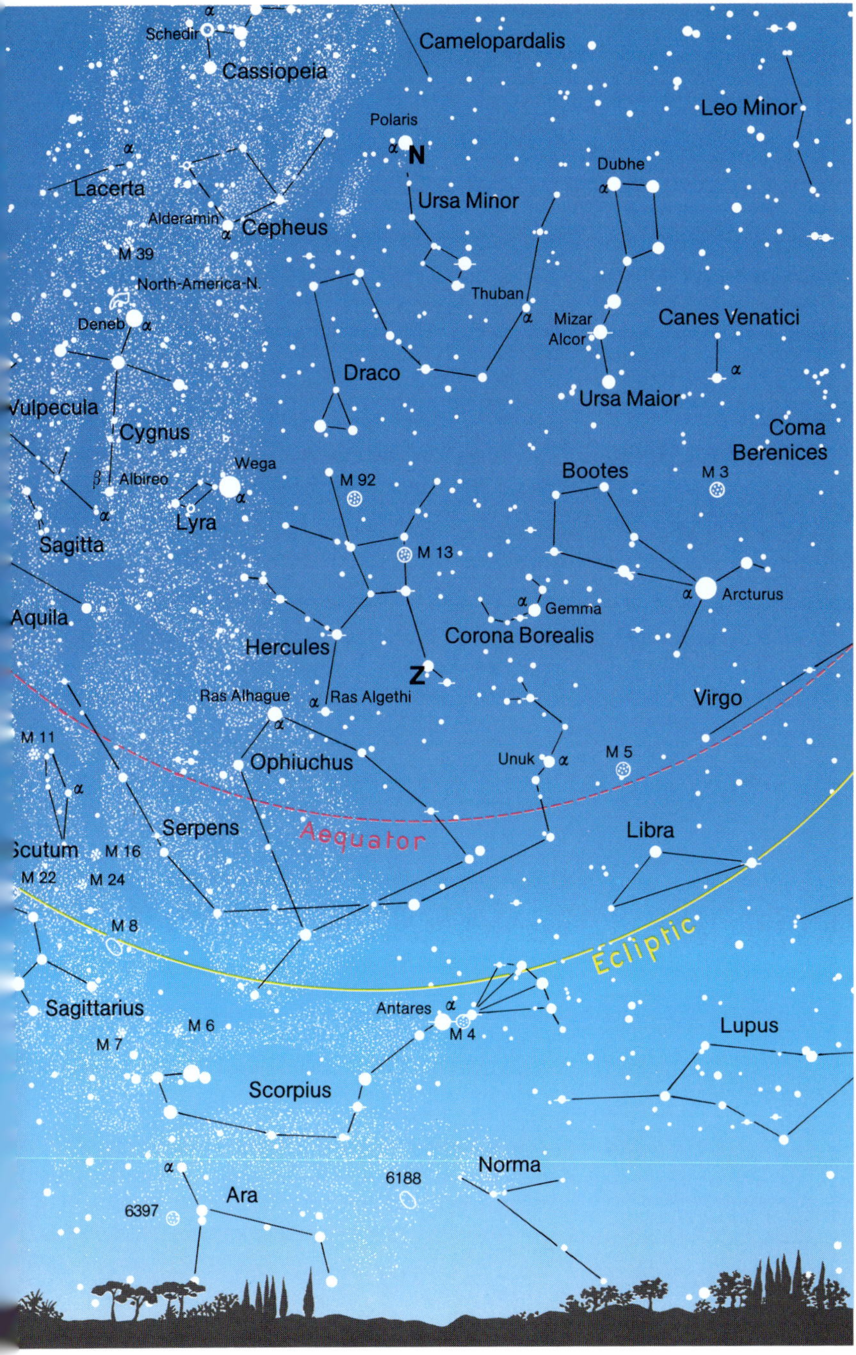

Schedir
Cassiopeia
Camelopardalis
Leo Minor
Polaris
N
Lacerta
Ursa Minor
Dubhe
Alderamin
Cepheus
M 39
North-America-N.
Thuban
Deneb
Mizar
Alcor
Canes Venatici
Draco
Ursa Maior
Vulpecula
Cygnus
Coma
Berenices
Wega
Bootes
M 3
Albireo
M 92
Lyra
Sagitta
M 13
Arcturus
Gemma
Aquila
Corona Borealis
Hercules
Z
Ras Alhague
Ras Algethi
Virgo
M 11
Unuk
M 5
Ophiuchus
Serpens
Aequator
Libra
Scutum
M 16
M 22
M 24
M 8
Ecliptic
Sagittarius
Antares
M 4
Lupus
M 6
M 7
Scorpius
Norma
6188
Ara
6397

20° Nordbreite

(entspricht der geographischen Breite von Hanoi, Bombay, Mekka und Mexico City)

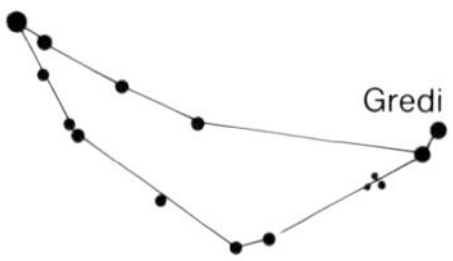

Steinbock (Capricornus)

kugelförmiger Sternhaufen M 15

Der Sternhimmel Anfang Oktober 20 Uhr
Blickrichtung zum südlichen Horizont

Mitte Oktober um 19 Uhr	Anfang November um 18 Uhr
Mitte November um 17 Uhr	Anfang Dezember um 16 Uhr
Mitte September um 21 Uhr	Anfang September um 22 Uhr
Mitte August um 23 Uhr	Anfang August um 24 Uhr

Anblick des Himmels vom Zenit bis zum Südhorizont In Zenitnähe das Sommerdreieck mit den hellen Sternen Deneb im Sternbild Cygnus (Schwan), Atair im Sternbild Aquila (Adler) und Wega im Sternbild Lyra (Leier). Östlich vom Zenit ist das großflächige Sternbild Pegasus, dessen helle Sterne ein auffälliges Viereck bilden. Arm an hellen Sternen ist der Himmel hin zum Südhorizont. Direkt im Süden sieht man die Sternbilder Capricornus (Steinbock), Microscopium (Mikroskop) und Indus (Indianer). Am südöstlichen Himmel die Sternbilder Piscis Austrinus (Südlicher Fisch) mit dem hellen Stern Fomalhaut und Grus (Kranich).

Das ausgewählte Sternbild Capricornus (Steinbock) zählt zu den Tierkreissternbildern. In seiner ganzen Ausdehnung ist es ein Sternbild des Südhimmels. Auch ohne hellere Sterne ist es kenntlich an seiner dreieckigen Gestalt. Der Name hat nichts mit dem im Hochgebirge lebenden Steinbock zu tun. Gemeint ist vielmehr ein gehörnter Fisch des Roten Meeres.

Objekt für den Feldstecher und das kleine Fernrohr Der kugelförmige Sternhaufen M 15 ist am westlichen Rand des Sternbilds Pegasus, nahe dem Stern Enif (s. Seite 35) leicht mit einem Feldstecher oder Fernrohr aufzufinden. Die scheinbare Helligkeit beträgt $6^{m}.2$. Entdeckt wurde dieser Sternhaufen 1745 von Maraldi. Wie bei anderen kugelförmigen Sternhaufen, ist es selbst mit größeren Fernrohren nicht möglich, das Zentrum in Einzelsterne aufzulösen. Die hellsten Einzelsterne haben scheinbare Helligkeiten um $14^{m}.5$.

Meteorstrom Giacobiniden um den 10. Oktober. Radiant im Sternbild Draco (Drache) am Nordwesthimmel.

Milchstraße Vom nordöstlichen Horizont verläuft die Milchstraße quer über den Himmel nach Südwesten und erreicht Zenithöhe im Sommerdreieck. Hier und im Sternbild Sagittarius (Schütze) viele Objekte.

Zodiakallicht Mit wachsender Nähe zum Äquator verbessert sich die Beobachtbarkeit des Zodiakallichts (»Tierkreislicht«). Seine Helligkeit erreicht die Helligkeit der Milchstraße.

Ursa Maior
M 3
Perseus
Algenib
Camelopardalis
Mizar
Algol
Alcor
M 34
Thuban
Polaris
N
Ursa Minor
Bootes
Triangulum
Cassiopeia
Cepheus
Corona Borealis
M 33
Schedir
Draco
M 31
M 13
M 92
Alderamin
Andromeda
Sirrah
Hercules
M 39
North-America-N.
Wega
Deneb
Cygnus
Lacerta
Ras Algethi
Lyra
Ras Alhague
Pegasus
Albireo
Ophiuchus
Markab
Vulpecula
Z
Sagitta
M 15
Serpens
Delphinus
Atair
Aquila
M 16
M 11
Aquarius
M 2
Aequator
Scutum
Sagittarius
M 22
Piscis Austrinus
7009
Ecliptic
Capricornus
Corona Austrina
Grus
Microscopium
Indus
6752
Pavo

20° Nordbreite

(entspricht der geographischen Breite von Hanoi, Bombay, Mekka und Mexico City)

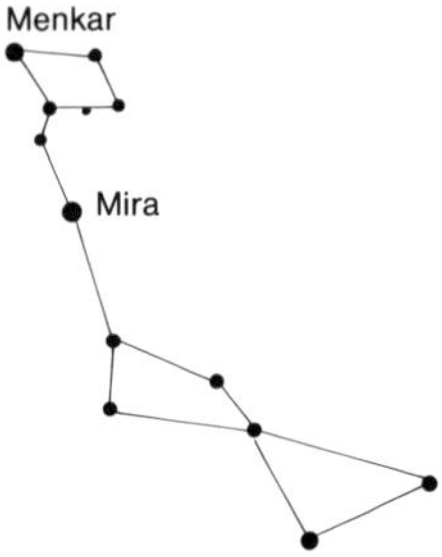

Walfisch (Cetus)

Galaxie NGC 253

Der Sternhimmel Anfang Dezember 20 Uhr
Blickrichtung zum südlichen Horizont

Mitte Dezember um 19 Uhr	Anfang Januar um 18 Uhr
Mitte Januar um 17 Uhr	Anfang Februar um 16 Uhr
Mitte November um 21 Uhr	Anfang November um 22 Uhr
Mitte Oktober um 23 Uhr	Anfang Oktober um 24 Uhr

Anblick des Himmels vom Zenit bis zum Südhorizont Das Viereck des Sternbilds Pegasus ist im Zenit. Pisces (Fische), Cetus (Walfisch), Sculptor (Bildhauerwerkstatt) und Phoenix schließen nach Süden an. Einsam 2 helle Sterne über dem Südhorizont: der Stern 1. Größenklasse Fomalhaut im Sternbild Piscis Austrinus und der hellere Achernar im Sternbild Eridanus.

Das ausgewählte Sternbild Hoch am Himmel das Sternbild Cetus (Walfisch), das vor allem wegen des Sterns Mira (»Der Wunderbare«) bekannt geworden ist. σ Ceti oder Mira ist ein langperiodischer veränderlicher Stern. Seine Lichtschwankungen wurden 1596 entdeckt. Die Helligkeit verändert sich innerhalb von 332 Tagen zwischen 2. (Maximum) und 10. Größenklasse (Minimum). Der Stern hat eine rötliche Farbe.

Objekt für den Feldstecher und das kleine Fernrohr Galaxie NGC (= New General Catalogue) 253 im Sternbild Sculptor. Zum Aufsuchen geht der Beobachter vom hellen Stern β Ceti ($2^{m}.2$) aus. NGC 253 befindet sich etwa 7½° südlich dieses Sterns. Hat man das Fernrohr um diese Distanz nach Süden geschwenkt, wartet man 5.5 Minuten bei stehendem Fernrohr, und das Objekt erscheint. Um diese Sterndrift-Methode erfolgreich zu benützen, empfiehlt sich ein Weitwinkelokular mit geringer Vergrößerung. Die scheinbare Helligkeit liegt bei 7^{m}. In einem Fernrohr von 15 cm Öffnung erkennt man das mit dem Andromeda-Nebel (s. Seite 60) vergleichbare Aussehen.

Meteorstrom Geminiden vom 6. bis 17. Dezember. Radiant nahe dem Stern Castor im Sternbild Gemini (Zwillinge) am Osthimmel (s. Sternkarte Seite 51). Radiant ist die ganze Nacht über zu beobachten.

Milchstraße Der Beobachter muß nordwärts schauen. Schöne Milchstraßenfelder nördlich vom Zenit im Sternbild Cassiopeia und Umgebung.

Zodiakallicht Mit wachsender Nähe zum Äquator verbessert sich die Beobachtbarkeit des Zodiakallichts (»Tierkreislicht«). Seine Helligkeit erreicht die Helligkeit der Milchstraße. Entlang der Ekliptik am Morgen- und Abendhimmel beobachtbar.

Gemini
Castor
Ursa Minor
Draco
M 92
Hercules
N
Polaris
Wega
Lyra
Auriga
Camelopardalis
M 37
M 36
Capella
Cepheus
Cygnus
Alderamin
Deneb
North-America-N.
Perseus
Cassiopeia
Algenib
Schedir
M 39
Algol
Lacerta
Vulpecula
Plejades
Triangulum
M 31
M 15
Andromeda
M 33
Aries
Hamal
Sirrah
Pegasus
Ecliptic
Menkar
Markab
Z
Pisces
Mira
Aequator
Aquarius
Cetus
Fomalhaut
NGC 253
Piscis
Austrinus
Sculptor
Phoenix
Grus
Eridanus
Achernar
Tucana

20° Südbreite

(entspricht der geographischen Breite von Townsville (Australien), Madagaskar, Belo Horizonte (Brasilien) und den Tonga-Inseln in der Südsee)

Der Sternhimmel Anfang Februar 20 Uhr
Blickrichtung zum nördlichen Horizont

Mitte Februar um 19 Uhr	Anfang März um 18 Uhr
Mitte März um 17 Uhr	Anfang April um 16 Uhr
Mitte Januar um 21 Uhr	Anfang Januar um 22 Uhr
Mitte Dezember um 23 Uhr	Anfang Dezember um 24 Uhr

Anblick des Himmels vom Zenit bis zum Nordhorizont Auffallend viele helle und hellste Sterne östlich und südöstlich vom Zenit: hoch am Himmel der hellste Stern des Himmels, Sirius, im Sternbild Canis Maior (Großer Hund) östlich vom Zenit; nach Süden folgt der helle Stern Canopus im Sternbild Carina (Schiffskiel). Nur ein wenig tiefer als das Zenit nach Norden hin das Sternbild Orion. Für den Beobachter aus Europa ein ungewohnter Anblick: Orion steht Kopf. Auch alle weiter nach Norden beobachtbaren Sternbilder stehen bei der oberen Kulmination Kopf: Taurus (Stier) mit dem rötlichen Aldebaran, Auriga (Fuhrmann) mit dem hellen Stern Capella und Gemini (Zwillinge) mit den hellen Sternen Castor und Pollux. Der Himmel vom Zenit hin zum Nordwesthorizont weist weniger helle Sterne auf. Schön zu sehen die Plejaden (Siebengestirn) zwischen Aldebaren und Algol (Sternbild Perseus).

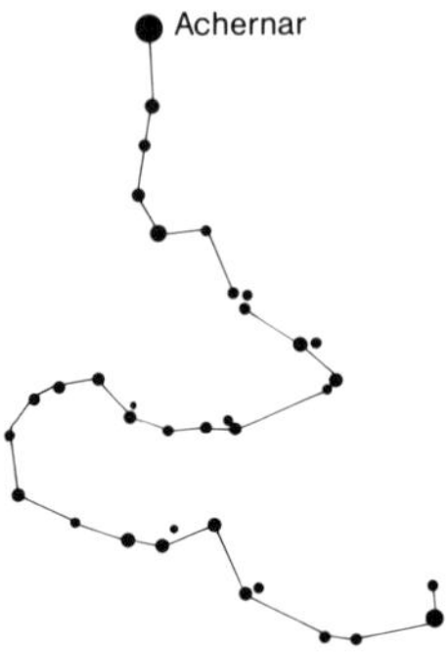

Eridanus

Das ausgewählte Sternbild Eridanus mit dem hellen Hauptstern Achernar. Das Sternbild ist sehr ausgedehnt und zieht sich vom südlichen Orion bis in die Nähe des südlichen Himmelspols. Achernar beherrscht den Südwesthimmel.

Objekt für den Feldstecher und das kleine Fernrohr Etwa 5° südlich des Sterns β Leporis sucht der Beobachter den kugelförmigen Sternhaufen M 79. Die scheinbare Helligkeit liegt bei 8^m. Während Einzelsterne am Rand im mittelgroßen Fernrohr (15-cm-Spiegel) sichtbar werden, bleiben sie im Zentrum unsichtbar.

kugelförmiger Sternhaufen M 79

Milchstraße Östlich vom Zenit zieht das Band der Milchstraße vom südlichen Horizont zum nördlichen. Besondere Aufmerksamkeit des Beobachters verdienen die Sternwolken in den Sternbildern Vela (Segel), Puppis (Hinterdeck des Schiffes), Canis Maior (Großer Hund) und Monoceros (Einhorn).

Zodiakallicht Mit wachsender Nähe zum Äquator verbessert sich die Sichtbarkeit des Zodiakallichts (»Tierkreislicht«), das am Äquator am schönsten zu sehen ist. Seine Helligkeit erreicht die Helligkeit der Milchstraße. Entlang der Ekliptik am Morgen- und Abendhimmel (kein Mondschein!) beobachtbar.

Pavo
Indus
Octans
Grus
Tucana
Apus
Musca
4372
Crux
Centaurus
4755
Chamaeleon
S
2602
2808
3372
2581
Hydrus
104
Nubecula Minor
Sculptor
Mensa
Vela
Antlia
Volans
2516
Achernar
Nubecula Maior
Pyxis
Phoenix
Reticulum
Carina
Canopus
Dorado
Pictor
Puppis
Horologium
Columba
M 46
Phakt
Fornax
Caelum
M 41
Cetus
Canis Maior
Sirius
M 50
M 79
Lepus
Eridanus
Monoceros
Z
Mira
Rigel
M 42
Menkar
Aequator
Beteigeuze
Orion
Ecliptic
Hyades
Taurus
Aldebaran
Gemini
M 35
Plejades
M 37
M 36
Algol
Perseus
Auriga
Algenib
Capella

20° Südbreite

(entspricht der geographischen Breite von Townsville (Australien), Madagaskar, Belo Horizonte (Brasilien) und den Tonga Inseln in der Südsee)

Der Sternhimmel Anfang April 20 Uhr
Blickrichtung zum nördlichen Horizont

Mitte April um 19 Uhr	Anfang Mai um 18 Uhr
Mitte Mai um 17 Uhr	Anfang Juni um 16 Uhr
Mitte März um 21 Uhr	Anfang März um 22 Uhr
Mitte Februar um 23 Uhr	Anfang Februar um 24 Uhr

Anblick des Himmels vom Zenit bis zum Nordhorizont Der Beobachter wird zunächst wahrscheinlich eher vom Zenit westwärts schauen, wo er die Sternbilder Canis Maior (Großer Hund) und Orion mit ihren hellen Sternen sieht. Auch ein Blick »rückwärts« nach Süden führt hinein in eine sternreiche kosmische Landschaft mit den Sternbildern Carina (Schiffskiel), Vela (Segel) und Crux (Kreuz des Südens). Sternbilder mit Blickrichtung Norden sind Canis Minor (Kleiner Hund), Gemini (Zwillinge) und nach Nordosten Leo (Löwe). Das »Auf-dem-Kopf-Stehen« fällt vor allem beim Sternbild Leo auf, wenn man den Anblick in nördlichen Breiten gewöhnt ist. Hoch am Himmel zwischen Zenit und Nordhorizont das Sternbild Cancer (Krebs) mit dem offenen Sternhaufen Praesepe (s. Seite 52).

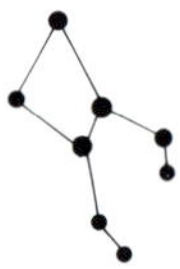

Hase (Lepus)

Das ausgewählte Sternbild Lepus (Hase) südlich vom Orion. Das Sternbild besteht aus 11 Sternen, die alle etwa die gleiche scheinbare Helligkeit aufweisen, zwischen der 3. und 4. Größenklasse. Mit etwas Phantasie erkennt man die Silhouette eines Hasen.

Objekt für den Feldstecher und das kleine Fernrohr Ein sehr schöner offener Sternhaufen ist der mit der Nummer M 46 gekennzeichnete im Sternbild Puppis (Hinterdeck des Schiffes). Er bildet mit den Sternen Procyon (Canis Minor) und Sirius (Canis Maior) ein gleichseitiges Dreieck. Gesamthelligkeit dieses offenen Sternhaufens 6^{m}. Mehr als 200 Sterne sind in ihm auszumachen.

offener Sternhaufen M 46

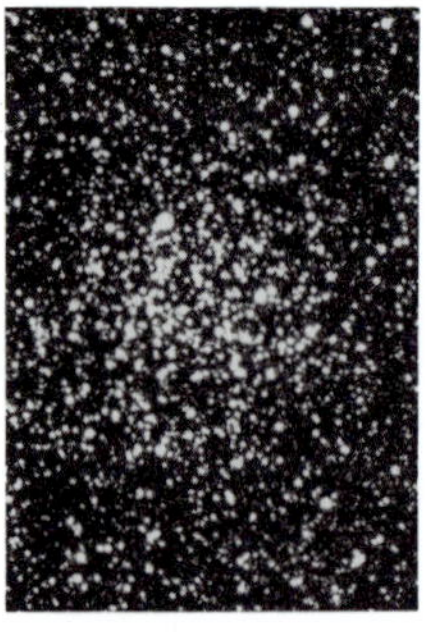

Milchstraße Fast senkrecht über dem Beobachter sind mit die schönsten Sternwolken der Milchstraße, in den Sternbildern Monoceros (Einhorn), Puppis (Hinterdeck des Schiffes) und Vela (Segel). Weiter nach Süden findet man das Sternbild Crux (Kreuz des Südens) mit eindrucksvollen Abschnitten der Milchstraße.

Zodiakallicht Mit wachsender Nähe zum Äquator verbessert sich die Sichtbarkeit des Zodiakallichts (»Tierkreislicht«), das am Äquator am schönsten zu sehen ist. Seine Helligkeit erreicht die Helligkeit der Milchstraße. Entlang der Ekliptik am Morgen- und Abendhimmel (kein Mondschein!) beobachtbar.

Phoenix
Tucana
Pavo
Ara
6188
Octans
Triangulum Australe
Norma
104
Achernar
Nubecula Minor
Eridanus
Hydrus
Apus
Circinus
Lupus
5822
S
Chamaeleon
Musca
Reticulum
Mensa
4372
4755
5139
Dorado
Nubecula Maior
Horologium
2602
Crux
Centaurus
Volans
Pictor
2808
Caelum
2516
3372
2581
Canopus
Carina
Columba
Phakt
Alchiba
Lepus
Corvus
Vela
Canis Maior
Antlia
M 41
Pyxis
Crater
Sirius
Hydra
Puppis
Z
M 46
M 50
Sextans
Alphard
Aequator
Monoceros
Procyon
Regulus
Canis Minor
M 67
Ecliptic
Leo
M 44
Praesepe
Gemini
Cancer
Pollux
Castor
Leo Minor
Fornax
Ursa Maior

20° Südbreite

(entspricht der geographischen Breite von Townsville (Australien), Madagaskar, Belo Horizonte (Brasilien) und den Tonga-Inseln in der Südsee)

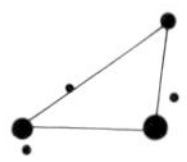

Waage (Libra)

kugelförmiger Sternhaufen Omega Centauri

Der Sternhimmel Anfang Juni 20 Uhr
Blickrichtung zum nördlichen Horizont

Mitte Juni um 19 Uhr	Anfang Juli um 18 Uhr
Mitte Juli um 17 Uhr	Anfang August um 16 Uhr
Mitte Mai um 21 Uhr	Anfang Mai um 22 Uhr
Mitte April um 23 Uhr	Anfang April um 24 Uhr

Anblick des Himmels vom Zenit bis zum Nordhorizont Ein kurzer Blick »rückwärts« nach Süden: die bekanntesten Sternbilder des Südhimmels vor Augen. Allen voran das Sternbild Crux (Kreuz des Südens). Im Zenit das Sternbild Corvus (Rabe), dessen hellere Sterne ein unregelmäßiges Viereck bilden. Im Nordwesten das Sternbild Leo (Löwe). Unmittelbar an das Sternbild Corvus schließt das Tierkreissternbild Virgo (Jungfrau) mit dem hellen Stern Spica an. Weiter nordöstlich das Sternbild Bootes mit dem rötlichen Stern Arcturus. Tief am Nordhorizont das in Europa so dominierende Sternbild Ursa Maior (Großer Bär).

Das ausgewählte Sternbild Libra (Waage), ein Tierkreissternbild. In dieser geographischen Breite steht es im Juni hoch am Himmel. Am hellsten ist der Stern β Librae, der den arabischen Namen Zuben Elschemali führt. Ein Stern mit der scheinbaren Helligkeit $2^m.7$. Der Stern α Librae ist ein optischer Doppelstern, d. h. 2 Sterne ($5^m.3$ und $2^m.9$) stehen relativ nahe beieinander, ohne ein echtes Sternsystem zu bilden.

Objekt für den Feldstecher und das kleine Fernrohr Das vom Zenit südöstlich zu suchende Sternbild Centaurus (Centaur) zeigt den berühmten kugelförmigen Sternhaufen ω Centauri. Der Sternhaufen hat einen scheinbaren Durchmesser, der ungefähr demjenigen des Vollmondes (!) entspricht. Gesamthelligkeit etwa 4^m, also bereits mit bloßen Augen erkennbar. Dieser Sternhaufen gilt als eines der schönsten Objekte am Himmel überhaupt! Auf der Karte rechts ist seine Position mit der NGC-Nummer 5139 angegeben.

Milchstraße Der Beobachter sieht die eindrucksvollen Sternwolken in den Sternbildern Scorpius (Skorpion), Centaurus (Centaur), Crux (Kreuz des Südens), Vela (Segel) und Puppis (Hinterdeck des Schiffes) in einem Panorama.

Zodiakallicht Mit wachsender Nähe zum Äquator verbessert sich die Sichtbarkeit des Zodiakallichts (»Tierkreislicht«), das am Äquator am schönsten zu sehen ist. Entlang der Ekliptik am Morgen- und Abendhimmel (kein Mondschein!) beobachtbar.

Columba
Phakt
Reticulum
Dorado
Hydrus
104
Nubecula Minor
Indus
Corona Austrina
Pictor
Nubecula Maior
Octans
Pavo
Canopus
Mensa
6752
Volans
S
Chamaeleon
Apus
Telescopium
Carina
2516
6397
6541
Ara
M 7
2808
4372
Triangulum Australe
M 6
2602
6188
Scorpius
3372
2581
Musca
Circinus
Norma
5822
Pyxis
Vela
4755
Crux
Antares
M 4
Lupus
5139
Antlia
Hydra
Centaurus
Alchiba
Libra
Sextans
Z
Crater
Corvus
Spica
Ecliptic
M 5
Aequator
Leo
Virgo
Arcturus
Bootes
M 3
Coma Berenices
Cor Caroli
Canes Venatici
Ursa Maior
Mizar
Alcor

20° Südbreite

(entspricht der geographischen Breite von Townsville (Australien), Madagaskar, Belo Horizonte (Brasilien) und den Tonga-Inseln in der Südsee)

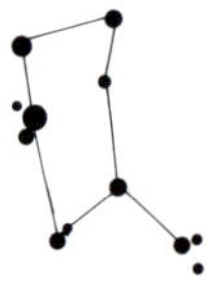

Wolf (Lupus)

kugelförmiger Sternhaufen M4

Der Sternhimmel Anfang August 20 Uhr
Blickrichtung zum nördlichen Horizont

Mitte August um 19 Uhr	Anfang September um 18 Uhr
Mitte September um 17 Uhr	Anfang Oktober um 22 Uhr
Mitte Juli um 21 Uhr	Anfang Juli um 22 Uhr
Mitte Juni um 23 Uhr	Anfang Juni um 24 Uhr

Anblick des Himmels vom Zenit bis zum Nordhorizont Ein faszinierender Anblick: das Sternbild Scorpius (Skorpion) in seiner ganzen Ausdehnung fast senkrecht über dem Beobachter. Nach Osten schließt das Sternbild Sagittarius (Schütze) mit seinen Sternhaufen und Gasnebeln an. Nach Norden schließen die Sternbilder Ophiuchus (Schlangenträger), Hercules und Corona Borealis (Nördliche Krone) an. Das in Europa so bekannte Sternbild Lyra (Leier) mit dem hellen Stern Wega erscheint nahe dem nordöstlichen Horizont.

Das ausgewählte Sternbild Lupus (Wolf) mit 5 Sternen, deren scheinbare Helligkeit größer als $3^m.5$ ist. Das Sternbild schließt südwestlich an das Sternbild Scorpius (Skorpion) an. Schöne Milchstraßenwolken verstärken den Eindruck einer an Sternen reichen Himmelsgegend.

Objekt für den Feldstecher und das kleine Fernrohr Unmittelbar neben dem Hauptstern Antares des Sternbildes Skorpion findet der Beobachter den schönen Kugelhaufen M4. Im Gegensatz zu anderen kugelförmigen Sternhaufen ist in M4 die Sternansammlung lockerer. So hat man bereits im Feldstecher und im kleinen Fernrohr eher den Eindruck eines offenen Sternhaufens.

Milchstraße Von Süden erstreckt sich die Milchstraße in großem Bogen (Zenitnähe!) nach Nordosten. Es sind mit die an Sternwolken, Sternhaufen, Gasnebeln und Dunkelwolken reichsten Partien der Milchstraße, die der Beobachter unter günstigen Sichtbarkeitsbedingungen aufsuchen kann. Für die Beobachtung eignet sich ein lichtstarker Feldstecher (10×40, 11×80, 14×100) ganz vorzüglich. Die Zuhilfenahme eines Stativs ist dabei für längeres Beobachten unerläßlich (s. auch Seite 13).

Zodiakallicht Mit wachsender Nähe zum Äquator verbessert sich die Sichtbarkeit des Zodiakallichts (»Tierkreislicht«), das am Äquator am schönsten zu sehen ist. Seine Helligkeit erreicht die Helligkeit der Milchstraße. Entlang der Ekliptik am Morgen- und Abendhimmel (kein Mondschein!) beobachtbar.

Carina
2516
Nubecula Maior
Hydrus
Vela
2808
Mensa
Nubecula Minor
Piscis Austrinus
2581
3372
Volans
104
Fomalhaut
2602
Tucana
S
Antlia
Chamaeleon
Octans
Pavo
Grus
4372
Apus
Crux
Musca
Indus
Microscopium
Triangulum Australe
4755
5139
6752
Telescopium
Circinus
Ara
6397
Capricornus
5822
Centaurus
Corona Austrina
Norma
6188
6541
Hydra
Lupus
M 7
M 6
M 22
Sagittarius
M 4
Scorpius
M 8
Ecliptic
Antares
M 24
M 11
Z
M 16
Scutum
Libra
Ophiuchus
M 5
Aequator
Unuk
Ras Alhague
Serpens
Bootes
Ras Algethi
Gemma
Hercules
Corona Borealis
M 13
Draco
M 92

20° Südbreite

(entspricht der geographischen Breite von Townsville (Australien), Madagaskar, Belo Horizonte (Brasilien) und den Tonga-Inseln in der Südsee)

Der Sternhimmel Anfang Oktober 20 Uhr
Blickrichtung zum nördlichen Horizont

Mitte Oktober um 19 Uhr	Anfang November um 18 Uhr
Mitte November um 17 Uhr	Anfang Dezember um 16 Uhr
Mitte September um 21 Uhr	Anfang September um 22 Uhr
Mitte August um 23 Uhr	Anfang August um 24 Uhr

Anblick des Himmels vom Zenit bis zum Nordhorizont Westlich vom Zenit noch hoch am Himmel das Sternbild Sagittarius (Schütze) mit viel Milchstraße. Nordwärts schließt das Sternbild Aquila (Adler) mit dem hellen Stern Atair an. Das Sternbild steht bei der oberen Kulmination Kopf und bietet demzufolge für den europäischen Beobachter einen ungewohnten Anblick. Das gilt natürlich auch für die beiden anderen Sternbilder des Sommerdreiecks, Lyra (Leier) aund Cygnus (Schwan), die beide in Horizontnähe geraten.

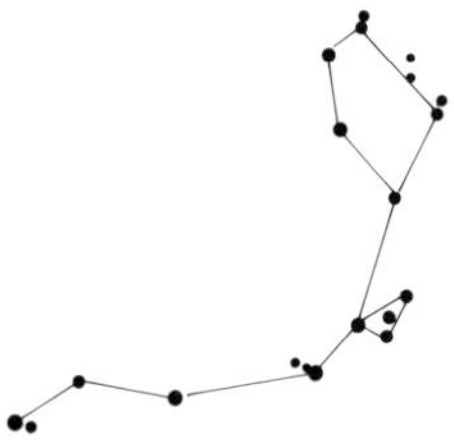

Wassermann (Aquarius)

Das ausgewählte Sternbild Aquarius (Wassermann) zählt zu den Tierkreissternbildern. In dieser geographischen Breite steht es hoch am Himmel. Der Hauptstern α Aquarii (Sadalmelek) steht dem Himmelsäquator nahe. Zwischen den Sternen ε Aquarii und υ Aquarii sucht der Beobachter einen Gasnebel (NGC 7009), der wegen der Ähnlichkeit im Aussehen mit dem Ringplaneten Saturn den Namen »Saturnnebel« trägt. Mit 8^m ein Objekt für Feldstecher.

Objekt für den Feldstecher und das kleine Fernrohr Nicht weit weg vom »Schwanzende« des Sternbilds Aquila (Adler) befindet sich der offene Sternhaufen M 11. Er ist im Vergleich zu anderen offenen Sternhaufen sehr kompakt und erinnert ein wenig an einen kugelförmigen Sternhaufen. Seine scheinbare Helligkeit beträgt $6^m.3$. Mit einem kleinen Refraktor lassen sich die Sterne der Randzonen erkennen. Der Sternhaufen liegt in einem interessanten Gebiet der Milchstraße.

offener Sternhaufen M 11

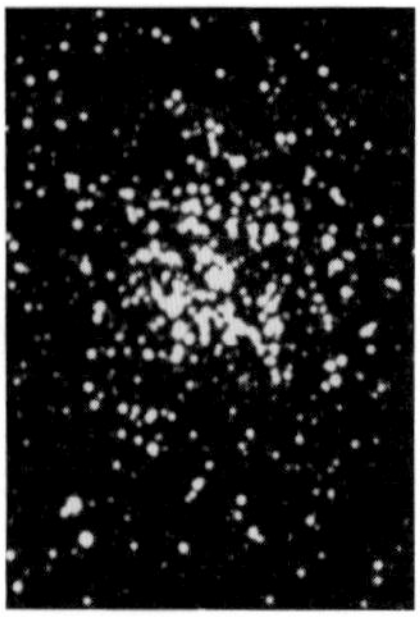

Milchstraße Westlich vom Zenit erstreckt sich einer der schönsten Milchstraßenabschnitte von Süd nach Nord. Insbesondere die Milchstraßenwolken in den Sternbildern Scorpius (Skorpion), Sagittarius (Schütze), Scutum (Schild) und Aquila (Adler) sind für die Beobachtungen günstig.

Zodiakallicht Mit wachsender Nähe zum Äquator verbessert sich die Sichtbarkeit des Zodiakallichts (»Tierkreislicht«), das am Äquator am schönsten zu sehen ist. Entlang der Ekliptik am Morgen- und Abendhimmel beobachtbar.

Centaurus
Crux
2808
2602
Volans
Dorado
5139
4755
4372
Mensa
Reticulum
Musca
Nubecula Maior
Horologium
Chamaeleon
Circinus
S
5822
Apus
Nubecula Minor
Eridanus
Hydrus
104
Achernar
Norma
Triangulum Australe
Octans
Pavo
Tucana
Phoenix
Lupus
6188
Ara
6397
Antares
6752
6541
Scorpius
Telescopium
Indus
Grus
Sculptor
M 6
M 7
Corona Austrina
Fomalhaut
M 8
M 24
M 22
Sagittarius
Microscopium
Piscis Austrinus
M 16
Aquarius
Scutum
Z
Ecliptic
M 11
Capricornus
7009
Serpens
M 2
Aequator
Aquila
Pegasus
Atair
Equuleus
M 15
Sagitta
Delphinus
Albireo
Lyra
Vulpecula
Cygnus
Deneb
North-America-N.
M 39

20 ° Südbreite

(entspricht der geographischen Breite von Townsville (Australien), Madagaskar, Belo Horizonte (Brasilien) und den Tonga-Inseln in der Südsee)

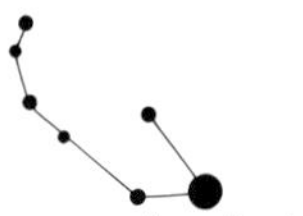

Südlicher Fisch
(Piscis Austrinus)

Galaxie NGC 1313

Der Sternhimmel Anfang Dezember 20 Uhr
Blickrichtung zum nördlichen Horizont

Mitte Dezember um 19 Uhr	Anfang Januar um 18 Uhr
Mitte Januar um 17 Uhr	Anfang Februar um 16 Uhr
Mitte November um 21 Uhr	Anfang November um 22 Uhr
Mitte Oktober um 23 Uhr	Anfang Oktober um 24 Uhr

Anblick des Himmels vom Zenit bis zum Nordhorizont Fast im Zenit der Stern β Ceti (Sternbild Cetus, Walfisch). Nach Norden schließen an die Sternbilder Pisces (Fische), Pegasus, Andromeda. Tief am Nordhorizont das Sternbild Cassiopeia. Der ganze Ausschnitt ist recht arm an hellen Sternen. Schaut der Beobachter »rückwärts« nach Süden, bemerkt er 3 helle Sterne: westlich vom Zenit Fomalhaut im Sternbild Piscis Austrinus (Südlicher Fisch), südlich Achernar im Sternbild Eridanus und südöstlich Canopus im Sternbild Carina (Schiffskiel). Mit der scheinbaren Helligkeit $-0^m.7$ der zweithellste Stern am Himmel.

Das ausgewählte Sternbild Piscis Austrinus (Südlicher Fisch) ist am Südhimmel noch eines der »klassischen« Sternbilder. Astronomisch interessant vor allem wegen des hellen Hauptsterns Fomalhaut, der in dieser geographischen Breite seine obere Kulmination in Zenitnähe hat.

Objekt für den Feldstecher und das kleine Fernrohr Die 10^m helle Galaxie NGC 1313 sucht der Beobachter in der Mitte auf der gedachten Geraden, die den hellen Stern Achernar mit der Großen Magellanschen Wolke (»Nubecula Maior«) verbindet. Da das Umfeld nicht zuviele Sterne hat, kann man das Objekt in einer dunklen (mondlosen!) Nacht auch mit einem guten Feldstecher finden. Dabei möglichst den Feldstecher auf ein Stativ zu montieren. Überhaupt ist die Verwendung eines Stativs (Kino-Stativ!) für Feldstecherbeobachtungen empfehlenswert, da Freihandbeobachtungen den Sternfreund meistens frühzeitig ermüden.

Milchstraße Um die angegebenen Beobachtungszeiten keine Beobachtungsmöglichkeit. Erst gegen Mitternacht werden wieder Milchstraßenabschnitte am Osthimmel sichtbar.

Zodiakallicht Mit wachsender Nähe zum Äquator verbessert sich die Sichtbarkeit des Zodiakallichts (»Tierkreislicht«), das am Äquator am schönsten zu sehen ist. Seine Helligkeit erreicht die Helligkeit der Milchstraße. Entlang der Ekliptik am Morgen- und Abendhimmel beobachtbar.

Scorpius
M 6
M 7
Norma
Triangulum
Australe
Musca
4372
2602
2808
Carina
Ara
6541
6397
Telescopium
Apus
Chamaeleon
Volans
2516
S
Mensa
Canopus
Columba
6752
Octans
Nubecula Maior
Pictor
Corona
Austrina
Pavo
Dorado
Phakt
Nubecula Minor
NGC 1313
104
Reticulum
Caelum
Indus
Hydrus
Horologium
Microscopium
Achernar
Grus
δ1
δ2
Capricornus
Fornax
Phoenix
Piscis
Austrinus
Fomalhaut
Sculptor
Eridanus
Z
β
Cetus
Menkar
Mira
Aquarius
Aequator
Ecliptic
Markab
Pisces
Aries
Hamal
Pegasus
Triangulum
M 33
Sirrah
Andromeda
M 31
h
χ
Schedir
Cassiopeia

40° Südbreite

(entspricht der geographischen Breite von Hastings auf Neuseeland, Gough-Island im Atlantischen Ozean, Valdivia in Chile)

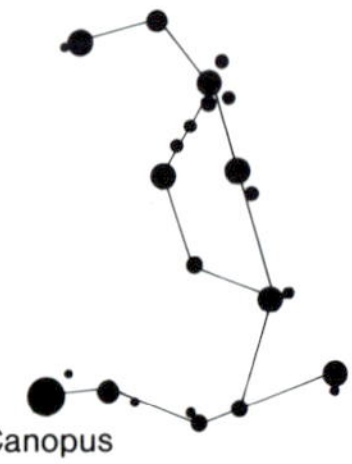

Schiffskiel (Carina)

Große Magellansche Wolke

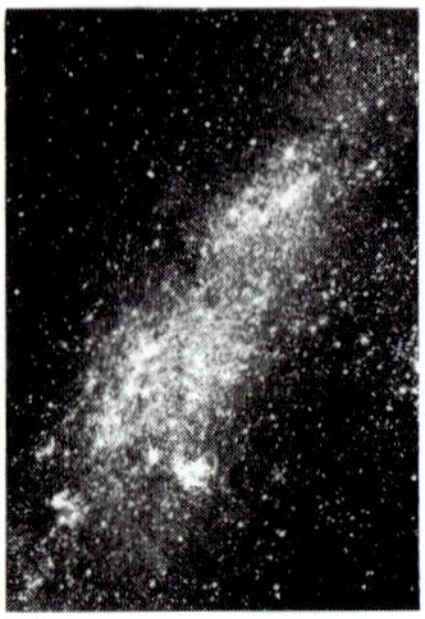

Der Sternhimmel Anfang Februar 20 Uhr
Blickrichtung zum nördlichen Horizont

Mitte Februar um 19 Uhr	Anfang März um 18 Uhr
Mitte März um 17 Uhr	Anfang April um 16 Uhr
Mitte Januar um 21 Uhr	Anfang Januar um 22 Uhr
Mitte Dezember um 23 Uhr	Anfang Dezember um 24 Uhr

Anblick des Himmels vom Zenit bis zum Nordhorizont Östlich vom Zenit 2 helle Sterne: Sirius im Sternbild Canis Maior (Großer Hund) und Canopus im Sternbild Carina (Schiffskiel). Etwa in halber Höhe zwischen Zenit und Nordhorizont das Sternbild Orion, wie stets in südlichen Breiten in dem für Europäer ungewohnten Anblick auf dem Kopf stehend. Anschließend das Sternbild Taurus (Stier) mit dem rötlichen Stern Aldebaran. Dicht über dem Nordhorizont das Sternbild Auriga (Fuhrmann). Auch die Plejaden (Siebengestirn) findet man in nur geringer Höhe über dem Nordhorizont. Eine Reihe von Sternbildern des nördlichen Himmels sind ganz verschwunden, z. B. Cassiopeia.

Das ausgewählte Sternbild Carina (Schiffskiel) mit dem hellen Stern Canopus südöstlich vom Zenit. Canopus ist mit der scheinbaren Helligkeit $-0^m.7$ der zweithellste Stern am Himmel. 3 weitere Sterne dieses Sternbilds haben scheinbare Helligkeiten um 2^m.

Objekt für den Feldstecher und das kleine Fernrohr Blickt man südwärts, entdeckt man nicht weit weg vom Zenit die berühmte Große Magellansche Wolke (Large Magellanic Cloud). Es handelt sich um ein extragalaktisches System, eine Milchstraße mit veränderlichen Sternen, offenen und kugelförmigen Sternhaufen, wie wir sie von unserer Milchstraße her gewöhnt sind. Die Große Magellansche Wolke überdeckt ein Himmelsareal von $8 \times 8°$ und ist so hell, daß sie mit bloßen Augen sogar bei Vollmond zu sehen ist. Im Feldstecher sieht man eine Fülle von Details. In 40° Südbreite ist die Große Magellansche Wolke bereits zirkumpolar, also das ganze Jahr über zu sehen. Auf der Karte rechts ist sie mit »Nubecula Maior« bezeichnet. Im Bereich der Großen Magellanschen Wolke findet der Beobachter den hellen Emissionsnebel NGC 2070 (»Tarantel-Nebel«, s. Seite 98).

Milchstraße Besonders interessant der Bogen vom Sternbild Crux (Kreuz des Südens) im Süden bis zum Sternbild Monoceros (Einhorn) im Nordosten.

Zodiakallicht Am Morgenhimmel (Osthorizont) aufsteigend entlang der Ekliptik (»Tierkreislicht«).

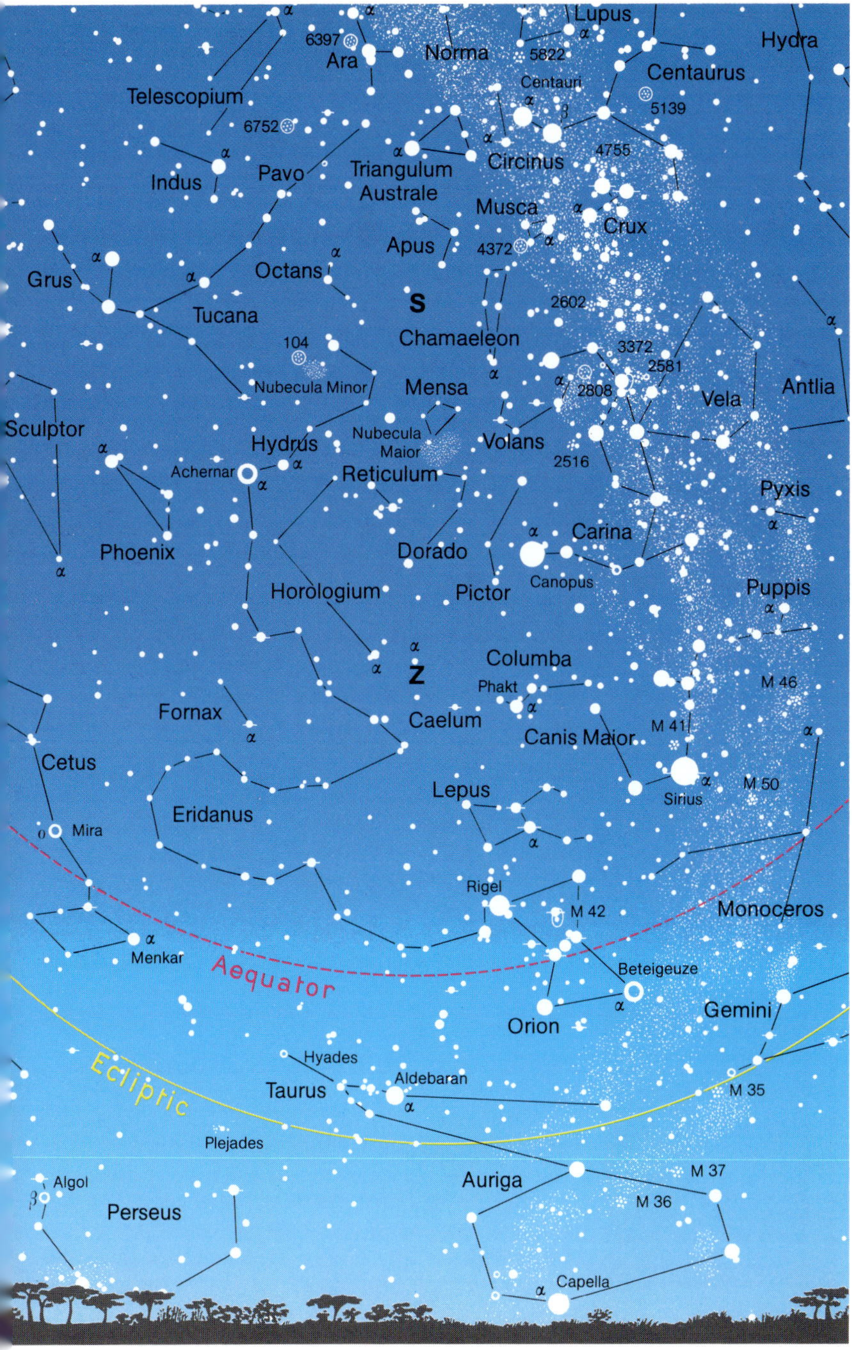

Lupus
Hydra
6397
Ara
Norma
5822
Centaurus
Centauri
5139
Telescopium
6752
Circinus
4755
Indus
Pavo
Triangulum
Australe
Musca
Crux
Apus
4372
Grus
Octans
S
Tucana
2602
Chamaeleon
104
3372
2581
Nubecula Minor
Mensa
2808
Vela
Antlia
Sculptor
Nubecula
Maior
Volans
Hydrus
Achernar
Reticulum
2516
Pyxis
Carina
Phoenix
Dorado
Canopus
Horologium
Pictor
Puppis
Columba
Z
Phakt
M 46
Fornax
Caelum
M 41
Canis Maior
Cetus
M 50
Lepus
Sirius
Eridanus
Mira
Rigel
M 42
Monoceros
Menkar
Aequator
Beteigeuze
Gemini
Orion
Hyades
Ecliptic
Aldebaran
Taurus
M 35
Plejades
M 37
Auriga
Algol
M 36
Perseus
Capella

40° Südbreite

(entspricht der geographischen Breite von Hastings auf Neuseeland, Gough-Island im Atlantischen Ozean, Valdivia in Chile)

Der Sternhimmel Anfang April 20 Uhr
Blickrichtung zum nördlichen Horizont

Mitte April um 19 Uhr	Anfang Mai um 18 Uhr
Mitte Mai um 17 Uhr	Anfang Juni um 16 Uhr
Mitte März um 21 Uhr	Anfang März um 22 Uhr
Mitte Februar um 23 Uhr	Anfang Februar um 24 Uhr

Anblick des Himmels vom Zenit bis zum Nordhorizont Im Zenit das Sternbild Vela (Segel). Südöstlich davon das Sternbild Crux (Kreuz des Südens), westlich vom Zenit das Sternbild Carina (Schiffskiel) mit dem hellen Stern Canopus. Nordwestlich anschließend das Sternbild Canis Maior (Großer Hund) mit dem hellen Stern Sirius. Das Himmelsareal vom Zenit nordwärts ist arm an helleren Sternen. Über dem nordöstlichen Horizont findet man das Sternbild Leo (Löwe), über dem nordwestlichen das Sternbild Gemini (Zwillinge). Dazwischen das kleine Sternbild Cancer (Krebs). Alle zwischen Zenit und Nordhorizont kulminierenden Sternbilder haben die verkehrte Lage zum Horizont.

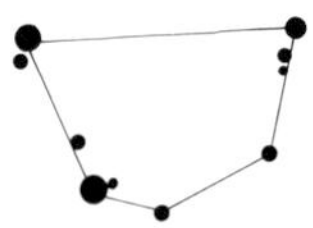

Segel (Vela)

Das ausgewählte Sternbild Vela (Segel), ein Sternbild »mitten« in der Milchstraße. Das Sternbild war einst Bestandteil des »Riesensternbilds« Schiff Argo. Dazu zählten auch die Sternbilder Carina (Schiffskiel) und Puppis (Hinterdeck des Schiffes). Der helle Stern δ Velorum gilt als einer der heißesten Sterne, die bekannt sind (Oberflächentemperatur 30 000 °K im Vergleich zu 6000 °K der Sonne). Im Feldstecher erkennt man, daß dieser Stern auch ein Doppelstern ist.

Objekt für den Feldstecher und das kleine Fernrohr In den Sternwolken der Milchstraße nahe dem Stern ϑ Carinae sucht man den offenen Sternhaufen IC 2602. Hat man den Stern ϑ Carinae im Gesichtsfeld, dann auch automatisch den offenen Sternhaufen. Dicht dabei ist der Sternhaufen Melotte 101. IC ist die Abkürzung für Index-Catalogue. Melotte 101 oder Mel 101 bezieht sich auf den Astronom P. J. Melotte, der Himmelsobjekte katalogisiert hat.

offener Sternhaufen IC 2602

Meteorstrom Virginiden im April. Radiant nördlich des Hauptsterns Spica im Sternbild Virgo (Jungfrau) am Osthimmel (s. Sternkarte Seite 55). Der Radiant ist im April von 20 Uhr bis 3 Uhr zu beobachten.

Milchstraße Besonders interessant der Bogen vom Sternbild Crux (Kreuz des Südens) im Süden bis zum Sternbild Monoceros (Einhorn) im Nordwesten.

Zodiakallicht Am Morgenhimmel (Osthorizont) aufsteigend entlang der Ekliptik (»Tierkreislicht«).

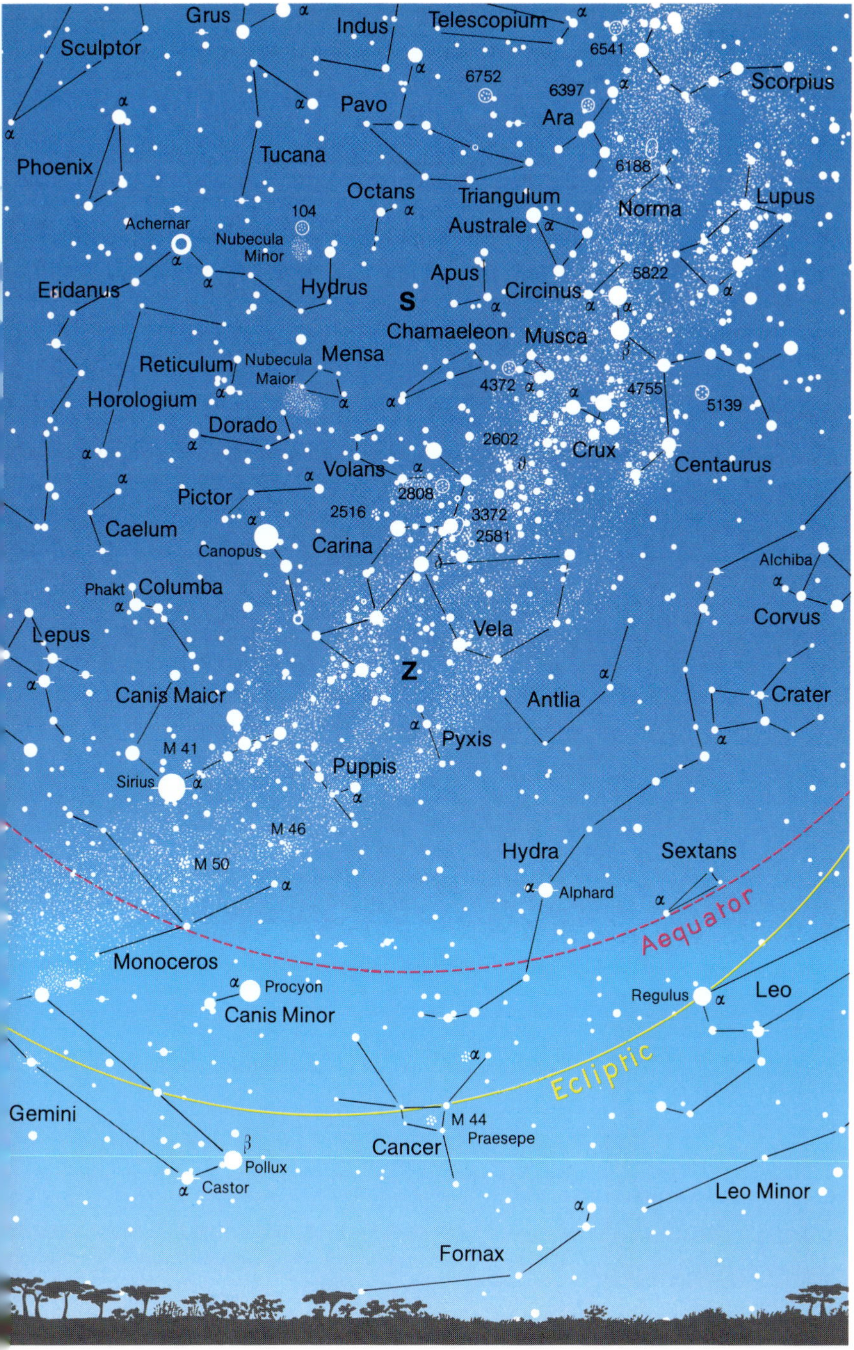
Grus
Sculptor
Indus
Telescopium
6541
Scorpius
6752
6397
Pavo
Ara
Phoenix
Tucana
6188
Octans
Triangulum
Australe
Norma
Lupus
104
Achernar
Nubecula
Minor
Hydrus
Apus
5822
Eridanus
S
Circinus
Chamaeleon
Musca
Reticulum
Nubecula
Maior
Mensa
4372
4755
5139
Horologium
Dorado
Crux
2602
Centaurus
Volans
Pictor
2808
2516
3372
Caelum
2581
Canopus
Carina
Alchiba
Phakt
Columba
Corvus
Vela
Lepus
Z
Antlia
Crater
Canis Maior
Pyxis
M 41
Puppis
Sirius
M 46
Hydra
Sextans
M 50
Alphard
Aequator
Monoceros
Procyon
Regulus
Leo
Canis Minor
Ecliptic
Gemini
M 44
Praesepe
Cancer
Pollux
Castor
Leo Minor
Fornax

40° Südbreite

(entspricht der geographischen Breite von Hastings auf Neuseeland, Gough-Island im Atlantischen Ozean, Valdivia in Chile)

Der Sternhimmel Anfang Juni 20 Uhr

Blickrichtung zum nördlichen Horizont

Mitte Juni um 19 Uhr	Anfang Juli um 18 Uhr
Mitte Juli um 17 Uhr	Anfang August um 16 Uhr
Mitte Mai um 21 Uhr	Anfang Mai um 22 Uhr
Mitte April um 23 Uhr	Anfang April um 24 Uhr

Anblick des Himmels vom Zenit bis zum Nordhorizont In Zenitnähe das Sternbild Crux (Kreuz des Südens). Fast senkrecht über dem Beobachter das Sternbild Centaurus (Centaur). Nach Norden folgt das kleine Sternbild Corvus (Rabe), dessen hellere Sterne ein unregelmäßiges Viereck bilden. Unterhalb das Sternbild Virgo (Jungfrau) mit dem hellen Stern Spica. Im Nordosten das Sternbild Bootes mit dem hellen, rötlichen Stern Arcturus und im Nordwesten das Sternbild Leo (Löwe) mit dem hellen Stern Regulus. Zwischen Zenit und Nordhorizont kulminierende Sternbilder haben die verkehrte Lage zum Horizont. Am auffälligsten ist das bei den Sternbildern des Nordhimmels.

Das ausgewählte Sternbild Crux (Kreuz des Südens), »das« Sternbild des Südhimmels inmitten von viel Milchstraße. Stern α Crucis ist ein Doppelstern ($1^m.6$ und $2^m.1$ bei 4,7 Bogensekunden Distanz). Ein Objekt für einen kleinen Amateurrefraktor. Über die Bedeutung des Sternbilds für die Orientierung zum südlichen Himmelspol s. Seite 22ff.

Kreuz des Südens (Crux)

Objekt für den Feldstecher und das kleine Fernrohr Dicht beim Stern β Crucis ($1^m.5$ hell!) befindet sich der offene Sternhaufen NGC 4755, mit der scheinbaren Helligkeit von 5^m im Feldstecher sofort zu erkennen. 1–2° südlich fällt eine dunkle Region in dem an Sternen reichen Gebiet auf. Es handelt sich um eine Dunkelwolke, bekannt unter dem Namen »Kohlensack«. Sie verdeckt schwache Milchstraßensterne. NGC 4755 wird auch »Jewel Box« genannt, ein brillantes Objekt für kleine Fernrohre mit vielen Einzelsternen. In der Mitte befindet sich der helle Stern κ Crucis ($6^m.1$).

offener Sternhaufen NGC 4755

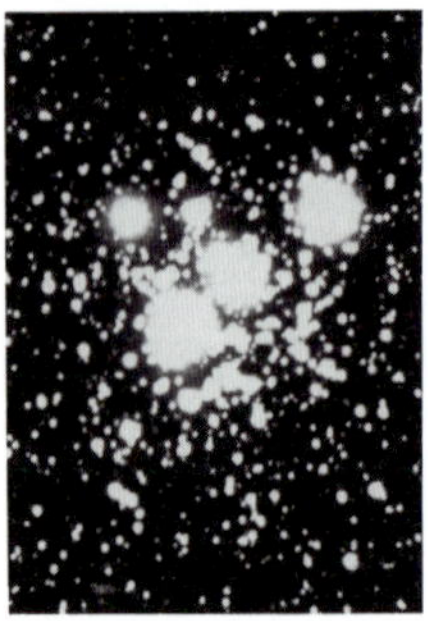

Meteorstrom Juni-Lyriden Mitte Juni. Radiant südlich des hellen Sterns Wega im Sternbild Lyra (Leier) am Osthimmel (s. Sternkarte Seite 57). Der Radiant ist im Juni ab Mitternacht bis morgens zu beobachten.

Milchstraße Quer von Ost nach West spannt der Bogen der Milchstraße und erreicht fast Zenithöhe. Alle sternwolkenreichen Gebiete vom Sternbild Sagittarius (Schütze) bis Crux (Kreuz des Südens) und Vela (Segel) sind gut zu beobachten.

Eridanus
Achernar
Grus
Microscopium
Horologium
Hydrus
Tucana
Indus
Caelum
Reticulum
104
Dorado
Nubecula Minor
Phakt
Pictor
Nubecula Maior
Corona Austrina
Columba
Mensa
Octans
Pavo
6752
Canopus
S
Volans
Chamaeleon
Telescopium
2516
Apus
Triangulum Australe
6397
M 7
Carina
6541
Ara
2808
4372
Musca
6188
M 6
2581
2602
Circinus
Scorpius
3372
Norma
Pyxis
5822
Vela
Antares
Crux
4755
M 4
5139
Lupus
Antlia
Centaurus
Z
Hydra
Alchiba
Libra
Sextans
Crater
Corvus
Ecliptic
Spica
Regulus
Aequator
Leo
Virgo
Bootes
Arcturus
Coma Berenices
M 3
Canes Venatici
Cor Caroli

40° Südbreite

(entspricht der geographischen Breite von Hastings auf Neuseeland, Gough-Island im Atlantischen Ozean, Valdivia in Chile)

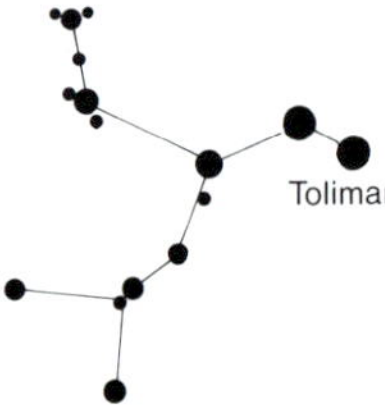

Centaur (Centaurus)

kugelförmiger Sternhaufen M22

Der Sternhimmel Anfang August 20 Uhr
Blickrichtung zum nördlichen Horizont

Mitte August um 19 Uhr	Anfang September um 18 Uhr
Mitte September um 17 Uhr	Anfang Oktober um 16 Uhr
Mitte Juli um 21 Uhr	Anfang Juli um 22 Uhr
Mitte Juni um 23 Uhr	Anfang Juni um 24 Uhr

Anblick des Himmels vom Zenit bis zum Nordhorizont Der Himmel in Zenitnähe wird beherrscht vom Sternbild Scorpius (Skorpion) und der Milchstraße. Östlich davon das Sternbild Sagittarius mit seinen vielen Sternhaufen und Gasnebeln. Nach Norden schließen die Sternbilder Ophiuchus (Schlangenträger), Hercules und Corona Borealis (Nördliche Krone) an. Letztere wie das nordöstlich befindliche Sternbild Lyra (Leier) schon sehr dicht über dem Nordhorizont.

Das ausgewählte Sternbild Centaurus (Centaur), ein Sternbild mit hellen und sehr hellen Sternen. Die beiden Hauptsterne sind mit dem Kreuz des Südens eine Orientierungshilfe am Südhimmel (s. auch Seite 22). Der Stern α Centauri ($0^m.1$) ist nach Sirius und Canopus der dritthellste Stern am Himmel. In 18 Bogenminuten Distanz ist ein $1^m.7$ heller Begleiter leicht zu beobachten. Mit einem 3. Stern, Proxima, ist das System unserer Sonne am nächsten (4,36 Lichtjahre entfernt).

Objekt für den Feldstecher und das kleine Fernrohr Ein mit der scheinbaren Helligkeit 6^m leicht auffindbarer kugelförmiger Sternhaufen ist der M22 im Sternbild Sagittarius (Schütze). M22 befindet sich nahe dem Stern λ Sagittarii. In südlichen Breiten kommt die Brillanz des Objekts voll zur Geltung. Er wird mit dem schönsten kugelförmigen Sternhaufen des Nordhimmels, dem M13 (s. Seite 56) verglichen. Nicht weit von M22 entfernt sind am Himmel die Messier-Objekte M6 und M7 (s. Seite 68).

Milchstraße Von Süden erstreckt sich die Milchstraße in großem Bogen (Zenit!) nach Nordosten. Es sind die an Sternwolken, Sternhaufen, Gasnebeln und Dunkelwolken reichsten Abschnitte der Milchstraße, die der Beobachter unter günstigen Sichtbedingungen aufsuchen kann. Für die Beobachtung der Milchstraße eignet sich ein lichtstarker Feldstecher (10×40, 11×80, 14×100) ganz vorzüglich. Die Zuhilfenahme eines Stativs ist dabei für längeres Beobachten unerläßlich (s. auch Seite 13).

Canopus
Pictor
Eridanus
Horologium
Reticulum
Dorado
Phoenix
Achernar
Pyxis
Carina
2516
Volans
Nubecula Maior
Hydrus
Sculptor
Vela
3372
Mensa
Nubecula Minor
2581
2808
Chamaeleon
104
Tucana
Antlia
S
2602
Octans
Grus
4372
Apus
Indus
Crux
Musca
Pavo
Microscopium
Triangulum Australe
4755
6752
5139
Telescopium
Centaurus
Circinus
Ara
5822
6397
6188
Corona Austrina
Norma
6541
Hydra
Z
M 7
Lupus
M 6
M 22
Scorpius
M 8
Sagittarius
M 4
Antares
Ecliptic
M 24
M 16
M 11
Scutum
Virgo
Libra
Aequator
M 5
Ophiuchus
Unuk
Serpens
Ras Alhague
Ras Algethi
Gemma
Bootes
Hercules
Corona Borealis
M 13
M 92

40° Südbreite

(entspricht der geographischen Breite von Hastings auf Neuseeland, Gough-Island im Atlantischen Ozean, Valdivia in Chile)

Kranich (Grus)

Kleine Magellansche Wolke

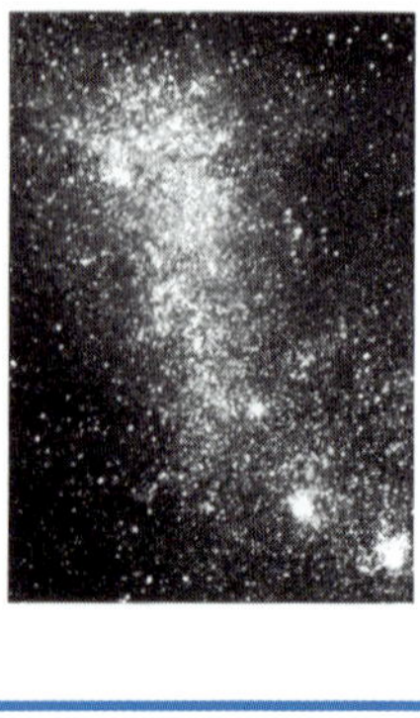

Der Sternhimmel Anfang Oktober 20 Uhr
Blickrichtung zum nördlichen Horizont

Mitte Oktober um 19 Uhr	Anfang November um 18 Uhr
Mitte November um 17 Uhr	Anfang Dezember um 16 Uhr
Mitte September um 21 Uhr	Anfang September um 22 Uhr
Mitte August um 23 Uhr	Anfang August um 24 Uhr

Anblick des Himmels vom Zenit bis zum Nordhorizont Westlich vom Zenit das Sternbild Sagittarius (Schütze) und viel Milchstraße. Östlich vom Zenit das Sternbild Piscis Austrinus (Südlicher Fisch) mit dem hellen Stern Fomalhaut. Weiter südlich anschließend das Sternbild Grus (Kranich). Nach Norden fällt auf das Sternbild Aquila (Adler) mit dem hellen Stern Atair. Ganz dicht über dem Nordhorizont stehen die beiden anderen Sternbilder des Sommerdreiecks (»Norddreieck«), Lyra (Leier) und Cygnus (Schwan).

Das ausgewählte Sternbild Grus (Kranich) mit Hauptsternen 2. Größenklasse schließt unmittelbar an das Sternbild Piscis Austrinus (Südlicher Fisch) nach Süden an. Es fällt auf, daß am Südhimmel Vögel als Namensgeber für Sternbilder gar nicht so selten sind (Tukan, Phönix, Pfau, Paradiesvogel). Ursprünglich hat der Kranich Flamingo geheißen. Die Entdeckungsfahrten haben Anregung für exotische Namen gegeben.

Objekt für den Feldstecher und das kleine Fernrohr Kleine Magellansche Wolke (Small Magellanic Cloud) am Südosthimmel nicht weit weg von dem hellen Stern Achernar im Sternbild Eridanus. Dieses Objekt ist das zweite extragalaktische System mit allen Objekten, wie wir sie von unserer Milchstraße her kennen. Wie die Große Magellansche Wolke ist auch die Kleine in 40° Südbreite zirkumpolar und damit das ganze Jahr über zu beobachten. Die scheinbare Helligkeit der Kleinen Magellanschen Wolke liegt bei $2^m.5$ (gegenüber $0^m.5$ für die Große Magellansche Wolke). Nahe der Kleinen Magellanschen Wolke befindet sich ein kugelförmiger Sternhaufen (NGC 104, $4^m.7$). Auf der Karte rechts ist die Kleine Magellansche Wolke mit »Nubecula Minor« bezeichnet. Die hohe südliche Deklination macht die Galaxie erst in mittleren südlichen Breiten zu einem dankbaren Beobachtungsobjekt.

Milchstraße Westlich vom Zenit spannt ein Bogen von Süd nach Nord mit den schönsten Milchstraßenabschnitten!

Zodiakallicht Am Abendhimmel (Westhorizont) aufsteigend entlang der Ekliptik (»Tierkreislicht«).

Vela
Eridanus
2581
3372
Carina
Canopus
Caelum
2516
Pictor
2808
Volans
Centaurus
Crux
Dorado
Eridanus
5139
Nubecula Maior
4755
4372
Mensa
Reticulum
Musca
Chamaeleon
Horologium
Hydrus
S
5822
Apus
Nubecula Minor
Circinus
Octans
Achernar
Norma
Triangulum Australe
104
Ara
Pavo
Tucana
Phoenix
6188
6397
M 4
6752
Antares
Sculptor
Indus
Scorpius
Telescopium
M 6
M 7
Grus
Corona
Austrina
Fomalhaut
Z
M 8
Sagittarius
Piscis
Austrinus
M 24
M 22
Microscopium
M 16
Aquarius
Scutum
Capricornus
M 11
Ecliptic
Serpens
7009
M 2
Aequator
Aquila
Pegasus
Atair
Delphinus
M 15
Sagitta
Vulpecula
Albireo
Cygnus
Deneb
North-America-N.
M 39

40° Südbreite

(entspricht der geographischen Breite von Hastings auf Neuseeland, Gough-Island im Atlantischen Ozean, Valdivia in Chile)

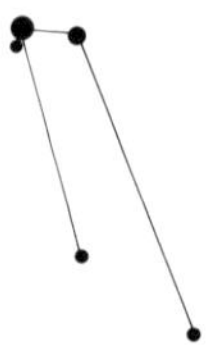

Teleskop (Telescopium)

kugelförmiger Sternhaufen NGC 6752

Der Sternhimmel Anfang Dezember 20 Uhr
Blickrichtung zum nördlichen Horizont

Mitte Dezember um 19 Uhr	Anfang Januar um 18 Uhr
Mitte Januar um 17 Uhr	Anfang Februar um 16 Uhr
Mitte November um 21 Uhr	Anfang November um 22 Uhr
Mitte Oktober um 23 Uhr	Anfang Oktober um 24 Uhr

Anblick des Himmels vom Zenit bis zum Nordhorizont Im Zenit befindet sich das nach dem sagenhaften Vogel benannte Sternbild Phoenix. Südöstlich vom Zenit der helle Stern Achernar. Fast in gleicher Entfernung in nordwestlicher Richtung der helle Stern Fomalhaut. Direkt nach Norden folgen die Sternbilder Cetus (Walfisch), Pisces (Fische) und – schon sehr dicht am Horizont – Andromeda. Auch das Sternbild Pegasus findet man nahe dem nördlichen Horizont. Alle Sternbilder mit hellen Sternen und auch die Milchstraße muß der Beobachter »rückwärts« am südlichen Horizont suchen, ein Zustand, der sich erst nach Mitternacht ändert.

Das ausgewählte Sternbild Telescopium (Fernrohr), ein Sternbild, das seinen Namen von Abbé Nicolas Louis de Lacaille bekommen hat. Er beobachtete in den Jahren 1751–1754 die Sterne des Südhimmels vom Kap der Guten Hoffnung aus. Er gab den Sternbildern Namen wissenschaftlicher Gerätschaften (Ofen, Luftpumpe, Mikroskop usw.).

Objekt für den Feldstecher und das kleine Fernrohr Im Sternbild Pavo (Pfau) findet sich ein heller kugelförmiger Sternhaufen (NGC 6752) mit der scheinbaren Helligkeit 5^m. Also ein Objekt, das der Beobachter bereits mit bloßen Augen entdecken müßte. Man muß den Stern λ Pavonis aufsuchen und hat dann mit großer Sicherheit auch schon den gesuchten Sternhaufen im Gesichtsfeld. Das Objekt liegt insofern für den Beobachter günstig, da die umgebende Sterndichte geringer ist und keine Milchstraßenwolken den Kontrast schwächen.

Meteorstrom Geminiden vom 6. bis 17. Dezember. Radiant nahe dem Stern Castor im Sternbild Gemini (Zwillinge) am Osthimmel (s. Sternkarte Seite 89). Radiant ist ab Mitternacht zu beobachten.

Milchstraße Erst gegen Mitternacht kommen Milchstraßenwolken am Osthimmel in eine bessere Beobachtungslage.

Zodiakallicht Am Abendhimmel (Westhorizont) aufsteigend entlang der Ekliptik (»Tierkreislicht«).

Scorpius
Lupus
Centaurus
4755
Crux
Vela
Pyxis
5822
Norma
3372
2581
6188
Triangulum
Australe
Musca
4372
2602
2808
M 6
Ara
6397
M 7
Apus
Chamaeleon
2516
Carina
Volans
S
Mensa
Canopus
Corona
Austrina
Pavo
6752
Octans
Nubecula Maior
Dorado
Telescopium
Reticulum
Pictor
Phakt
Columba
Nubecula Minor
104
Hydrus
Indus
Tucana
Horologium
Caelum
Microscopium
Achernar
Grus
Capricornus
Phoenix
Fornax
Piscis
Austrinus
Z
Fomalhaut
Sculptor
Eridanus
Aquarius
Cetus
Menkar
Mira
Aequator
Ecliptic
Markab
Pisces
Aries
Pegasus
Hamal
M 33
Triangulum
Sirrah
Andromeda
M 31

60° Südbreite

(entspricht der geographischen Breite der Südsandwich-Inseln im Südatlantik)

Schwertfisch (Dorado)

Tarantel-Nebel NGC 2070

Der Sternhimmel Anfang Februar 20 Uhr
Blickrichtung zum nördlichen Horizont

Mitte Februar um 19 Uhr	Anfang März um 18 Uhr
Mitte März um 17 Uhr	Anfang April um 16 Uhr
Mitte Januar um 21 Uhr	Anfang Januar um 22 Uhr
Mitte Dezember um 23 Uhr	Anfang Dezember um 24 Uhr

Anblick des Himmels vom Zenit bis zum Nordhorizont Im Zenit befindet sich das Sternbild Dorado (Schwertfisch). Fast im Zenit mit Blick nach Süden die nicht zu übersehende Große Magellansche Wolke. Östlich vom Zenit das Sternbild Carina (Schiffskiel) mit dem hellen Stern Canopus. Westlich vom Zenit der helle Stern Achernar, der zum Sternbild Eridanus gehört. Nach Norden folgen die Sternbilder Columba (Taube) und Lepus (Hase). Das berühmte Sternbild Orion steht schon sehr nahe dem Nordhorizont und macht die hohe südliche geographische Breite deutlich. Höher am Nordosthimmel steht der helle Stern Sirius, der zum Sternbild Canis Maior (Großer Hund) zählt. Das Sternbild Taurus (Stier) und die Plejaden (Siebengestirn) sind in Horizontnähe. Vertraute Sternbilder des Nordhimmels (Auriga, Perseus) sind unsichtbar.

Das ausgewählte Sternbild Dorado (Schwertfisch) ist das Sternbild, in dem sich die Große Magellansche Wolke befindet. In der Nähe ist der Ekliptiksüdpol. Der Name Dorado wird auch mit Goldfisch übersetzt.

Objekt für den Feldstecher und das kleine Fernrohr Am Westrand der Großen Magellanschen Wolke (»Nubecula Maior«) sucht der Beobachter den hellen Emissionsnebel NGC 2070. Er wird auch als »Tarantel-Nebel« bezeichnet. Er ist der hellste von über 400 (!) solcher Nebel, die in der Großen Magellanschen Wolke von Astronomen gefunden worden sind. Der Beobachter bekommt die Gelegenheit, einen hellen Emissionsnebel in einer Galaxie mit bereits kleinen Instrumenten zu sehen. Sonst sind die für den Amateur beobachtbaren Emissionsnebel galaktische Nebel, z. B. der Orion-Nebel (s. Seite 50).

Milchstraße Ein weiter Bogen Milchstraße zieht vom Südhorizont nach Norden. Besonders »milchstraßenreiche« Sternbilder sind Centaurus (Centaur), Crux (Kreuz des Südens), Vela (Segel), Carina (Schiffskiel), Puppis (Hinterdeck des Schiffes) und Monoceros (Einhorn). Im Verlauf der Nacht rückt die Milchstraße immer mehr in Meridian- und Zenitnähe und entfaltet die ganze Pracht des südlichen Himmels.

M 8
M 5
Scorpius
M 22
Sagittarius
Lupus
M 7
Norma
Corona Austrina
6188
Hydra
6397
5822
Ara
Circinus
5139
Telescopium
Centaurus
6752
4755
Triangulum Australe
Microscopium
Musca
Crux
Apus
Indus
4372
Pavo
Octans
S
2602
Grus
Tucana
Chamaeleon
2808
104
Hydrus
3372
2581
Nubecula Minor
Mensa
Vela
Antlia
Achernar
Nubecula Maior
Volans
2516
Phoenix
Re-ticulum
Z
Pyxis
Carina
Canopus
Sculptor
Dorado
Horologium
Pictor
Puppis
Columba
Phakt
M 46
Fornax
Caelum
Canis Maior
M 41
M 50
Sirius
Lepus
Eridanus
Mira
Monoceros
Cetus
Rigel
M 42
Beteigeuze
Aequator
Gemini
Orion
Ecliptic
Taurus
Aldebaran
M 35
Hyades
Plejades
M 37

60° Südbreite

(entspricht der geographischen Breite der Süd-sandwich-Inseln im Südatlantik)

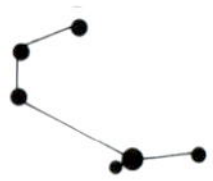

Fliegender Fisch (Volans)

offener Sternhaufen NGC 2516

Der Sternhimmel Anfang April 20 Uhr
Blickrichtung zum nördlichen Horizont

Mitte April um 19 Uhr	Anfang Mai um 18 Uhr
Mitte Mai um 17 Uhr	Anfang Juni um 16 Uhr
Mitte März um 21 Uhr	Anfang März um 22 Uhr
Mitte Februar um 23 Uhr	Anfang Februar um 24 Uhr

Anblick des Himmels vom Zenit bis zum Nordhorizont Im Zenit befindet sich das sternreiche Sternbild Carina (Schiffskiel) mit dem zweithellsten aller sichtbaren Fixsterne Canopus. Das Sternbild Crux (Kreuz des Südens) schließt südöstlich vom Zenit an. Nach Norden beherrschen die Sternbilder Vela (Segel), Puppis (Hinterdeck des Schiffes) und Canis Maior (Großer Hund) den Himmelsausschnitt. Nahe dem Nordwesthorizont das Sternbild Orion. Canis Minor (Kleiner Hund) und Cancer (Krebs) findet man in nur geringer Höhe über dem Nordhorizont. Am nordöstlichen Horizont führt der helle Stern Regulus im Sternbild Leo (Löwe) ein nicht besonders auffälliges Dasein. Die beiden Sterne Castor und Pollux im Sternbild Gemini (Zwillinge) sind praktisch nicht mehr zu beobachten.

Das ausgewählte Sternbild Volans (Fliegender Fisch) ist eines der Sternbilder, das Johann Bayer in seiner im Jahr 1603 erschienenen »Uranometria« vorgestellt hat. Die Namensgebung erscheint heute willkürlich, wahrscheinlich beeinflußt von den Berichten der Weltumsegler und Entdecker.

Objekt für den Feldstecher und das kleine Fernrohr Nahe dem hellen Stern ε Carinae ($1^m.7$) findet der Beobachter einen offenen Sternhaufen (NGC 2516), der in mondloser Nacht mit bloßen Augen zu sehen ist. Man tut sich mit dem Auffinden leichter, weil das Gebiet nur noch »Randgebiet« der Milchstraße ist; nicht vergleichbar etwa mit dem Sterngewimmel in den Sternbildern Puppis (Hinterdeck des Schiffes) und Vela (Segel). Im Vergleich mit anderen offenen Sternhaufen ist NGC 2516 konzentriert. Trotzdem werden die Einzelsterne im kleinen Fernrohr gut sichtbar.

Meteorstrom Virginiden im April. Radiant nördlich des Hauptsterns Spica im Sternbild Virgo (Jungfrau) am Osthimmel (s. Sternkarte Seite 103). Der Radiant ist im April von 22 Uhr bis 3 Uhr zu beobachten.

Milchstraße Besonders interessant der Bogen vom Sternbild Centaurus (Centaur) im Südosten bis zum Sternbild Monoceros (Einhorn) im Nordwesten.

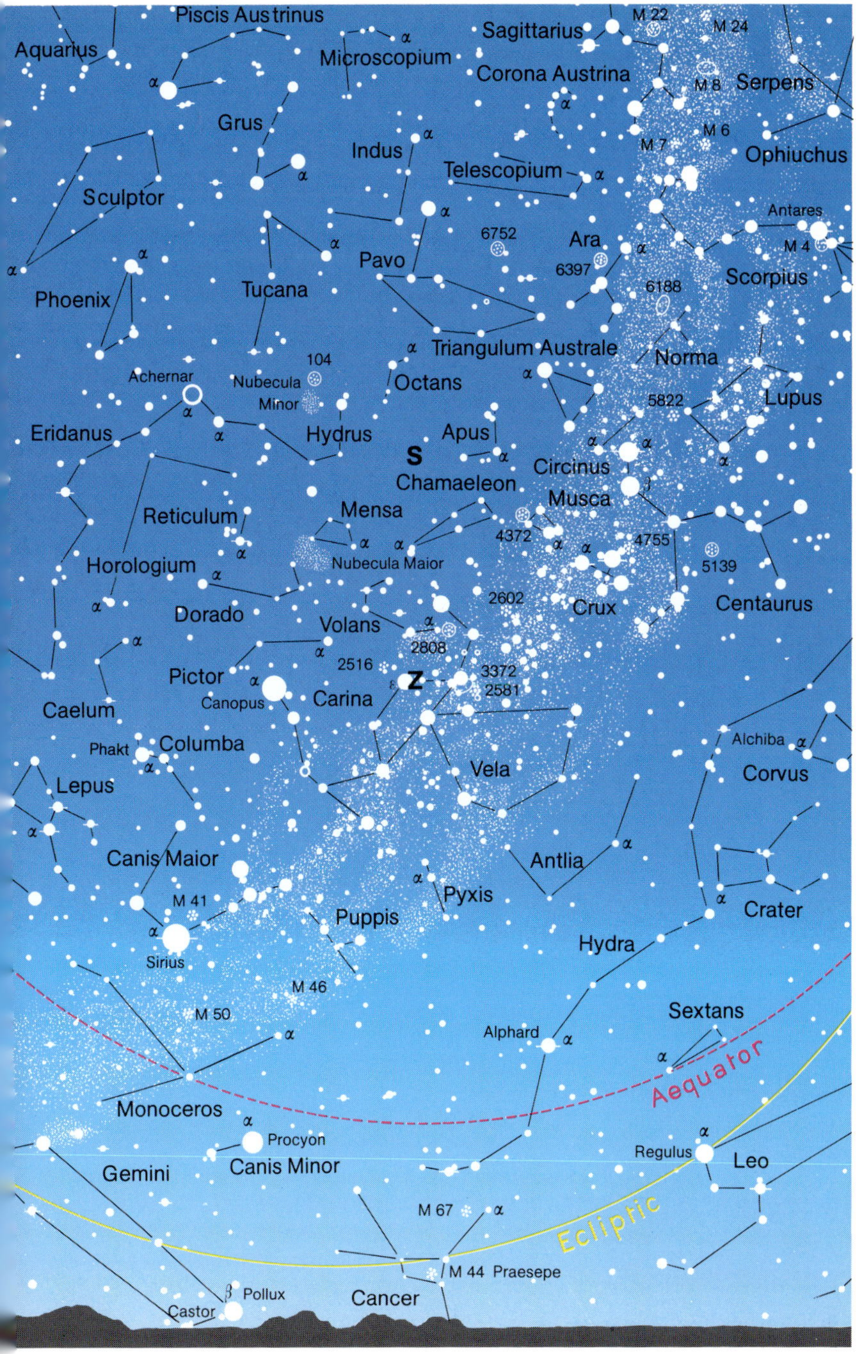

Piscis Austrinus
Aquarius
Microscopium
Sagittarius
M 22
M 24
Corona Austrina
M 8
Serpens
Grus
Indus
M 7
M 6
Ophiuchus
Telescopium
Sculptor
Antares
M 4
Pavo
6752
Ara
6397
Scorpius
Phoenix
Tucana
6188
Triangulum Australe
Norma
104
Achernar
Nubecula
Minor
Octans
5822
Lupus
Eridanus
Hydrus
Apus
S
Circinus
Chamaeleon
Musca
Reticulum
Mensa
4372
4755
5139
Horologium
Nubecula Maior
Centaurus
Dorado
2602
Crux
Volans
2808
2516
3372
Pictor
Z
2581
Canopus
Carina
Caelum
Alchiba
Columba
Phakt
Corvus
Lepus
Vela
Canis Maior
Antlia
M 41
Pyxis
Crater
Puppis
Sirius
Hydra
M 46
Sextans
M 50
Alphard
Aequator
Monoceros
Procyon
Regulus
Gemini
Canis Minor
Leo
M 67
Ecliptic
M 44 Praesepe
Pollux
Cancer
Castor

60° Südbreite

(entspricht der geographischen Breite der Südsandwich-Inseln im Südatlantik)

Der Sternhimmel Anfang Juni 20 Uhr
Blickrichtung zum nördlichen Horizont

Mitte Juni um 19 Uhr	Anfang Juli um 18 Uhr
Mitte Juli um 17 Uhr	Anfang August um 16 Uhr
Mitte Mai um 21 Uhr	Anfang Mai um 22 Uhr
Mitte April um 23 Uhr	Anfang April um 24 Uhr

Anblick des Himmels vom Zenit bis zum Nordhorizont Im Zenit das Sternbild Crux (Kreuz des Südens). Flankiert im Osten vom Sternbild Centaurus (Centaur) mit seinen hellen Sternen und im Westen vom Sternbild Carina (Schiffskiel) mit nicht minder hellen Sternen und viel Milchstraße. Nach Norden schließen an das Sternbild Centaurus (Centaur) die Sternbilder Crater (Becher), Corvus (Rabe) und Virgo (Jungfrau) an. Letzteres ist ein Tierkreissternbild mit dem hellen Stern Spica. Tief am Horizont im Nordosten Teile des Sternbildes Bootes und der rötliche Stern Arcturus, im Nordwesten das Sternbild Leo (Löwe) in der verkehrten Lage zum Horizont, wie alle zwischen Zenit und Nordhorizont kulminierenden Sternbilder, die in nördlichen geographischen Breiten ein anderes Aussehen haben.

Fliege (Musca)

Das ausgewählte Sternbild Musca (Fliege) ist ein Sternbild, das unmittelbar südlich an das Sternbild Crux (Kreuz des Südens) anschließt. Seine helleren Sterne bilden ein unregelmäßiges Viereck. In der unmittelbaren Nähe der beiden zum Südpol weisenden Sterne befinden sich 2 kugelförmige Sternhaufen (NGC 4372 und 8833). Beachtung verdient das Umfeld des Hauptsterns, α Muscae, wegen der eindrucksvollen Milchstraßenwolken.

Gasnebel NGC 6188

Objekt für den Feldstecher und das kleine Fernrohr NGC 6188 ist ein leuchtender Gasnebel, ein Objekt unserer Milchstraße. Mit ihm wird interstellare Materie sichtbar. Er befindet sich auf der Grenze zwischen den Sternbildern Ara (Altar) und Norma (Winkelmaß). Das Gebiet ist sternreich. Die Strukturen des Gasnebels sind kaum zu übersehen (diffus »milchig«). Es lohnt auch, im Umfeld Sternhaufen und Dunkelwolken zu beobachten.

Milchstraße Quer von Ost nach West spannt der Bogen der Milchstraße, die Zenithöhe erreicht. Alle sternwolkenreichen Gebiete vom Sternbild Sagittarius (Schütze) über Scorpius (Skorpion) bis Crux (Kreuz des Südens) und Vela (Segel) sind in sehr guter Position. Zur Erleichterung bei zenitnahen Beobachtungen empfiehlt sich die Benutzung eines Liegestuhls.

Sculptor
Fomalhaut
Capricornus
Fornax
Phoenix
Piscis Austrinus
Eridanus
Grus
Tucana
Achernar
Microscopium
Horologium
Hydrus
Indus
Caelum
104
Phakt
Reticulum
Nubecula Minor
Columba
Dorado
Corona
Austrina
Nubecula Maior
Pavo
Canopus
Octans
6752
Mensa
S
Telescopium
Pictor
Chamaeleon
Apus
2516
Volans
6397
Carina
M 7
Triangulum
Australe
Ara
2808
4372
M 6
Musca
6188
NGC
6193
2602
Circinus
Scorpius
3372
2581
Norma
5822
Vela
Z
Pyxis
Crux
4755
Antares
M 4
Antlia
5139
Lupus
Centaurus
Hydra
Alchiba
Libra
Sextans
Crater
Corvus
M 5
Spica
Aequator
Ecliptic
Leo
Virgo
Arcturus
Bootes
M 3

60° Südbreite

(entspricht der geographischen Breite der Südsandwich-Inseln im Südatlantik)

Der Sternhimmel Anfang August 20 Uhr

Blickrichtung zum nördlichen Horizont

Mitte August um 19 Uhr	Anfang September um 18 Uhr
Mitte September um 17 Uhr	Anfang Oktober um 16 Uhr
Mitte Juli um 21 Uhr	Anfang Juli um 22 Uhr
Mitte Juni um 23 Uhr	Anfang Juni um 24 Uhr

Anblick des Himmels vom Zenit bis zum Nordhorizont Im Zenit das wenig ausdrucksvolle Sternbild Ara (Altar). Dafür ist aber der Anblick der Milchstraße in Zenitnähe um so schöner. Vom Zenit aus nach Westen schließen an die Sternbilder Centaurus (Centaur) und Crux (Kreuz des Südens). Hoch am Himmel steht nördlich des Zenits das Sternbild Scorpius (Skorpion), nahe nach Osten das Sternbild Sagittarius (Schütze). Schon in Nähe des Nordhorizonts sieht der Beobachter die Sternbilder Ophiuchus (Schlangenträger), Libra (Waage) und Serpens (Schlange). Tief im Nordwesten entdeckt man den Hauptstern Arcturus des Sternbilds Bootes, dessen größerer Teil unsichtbar bleibt.

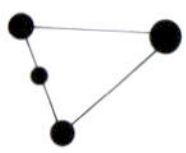

Südliches Dreieck (Triangulum Australe)

Das ausgewählte Sternbild Triangulum Australe (Südliches Dreieck) ist ein kleines Sternbild in der Nähe der hellen Hauptsterne des Sternbilds Centaurus (Centaur). Das kleine Sternbild hat aber einen Hauptstern mit der bemerkenswerten scheinbaren Helligkeit von $1^m.9$. Die 2 anderen Sterne, die das Dreieck mitbilden, sind nur noch 3^m hell. Auch dieses Sternbild verdankt seine »Existenz« Johann Bayer.

kugelförmiger Sternhaufen NGC 6541

Objekt für den Feldstecher und das kleine Fernrohr Das Objekt NGC 6541 gehört zum Sternbild Südliche Krone (Corona Austrina), befindet sich aber verhältnismäßig nahe dem Schwanz des Skorpion (s. nebenstehende Karte). Die Sterndichte ist in dieser Region noch beträchtlich. Nicht zu übersehen ist die Nähe der Milchstraßenebene. Zahlreiche Objekte warten hier auf den Beobachter, und es lohnt, das Umfeld des kugelförmigen Sternhaufens NGC 6541 mit in Augenschein zu nehmen.

Milchstraße Vom Süden erstreckt sich die Milchstraße in großem Bogen (Zenit!) nach Nordosten. Es sind die an Sternwolken, Sternhaufen, Gasnebeln und Dunkelwolken reichsten Abschnitte der Milchstraße, die der Beobachter unter günstigen Sichtbedingungen aufsuchen kann. Man beachte auch das Auftreten von Dunkelwolken, z. B. im Sternbild Crux (Kreuz des Südens) und Sagittarius (Schütze).

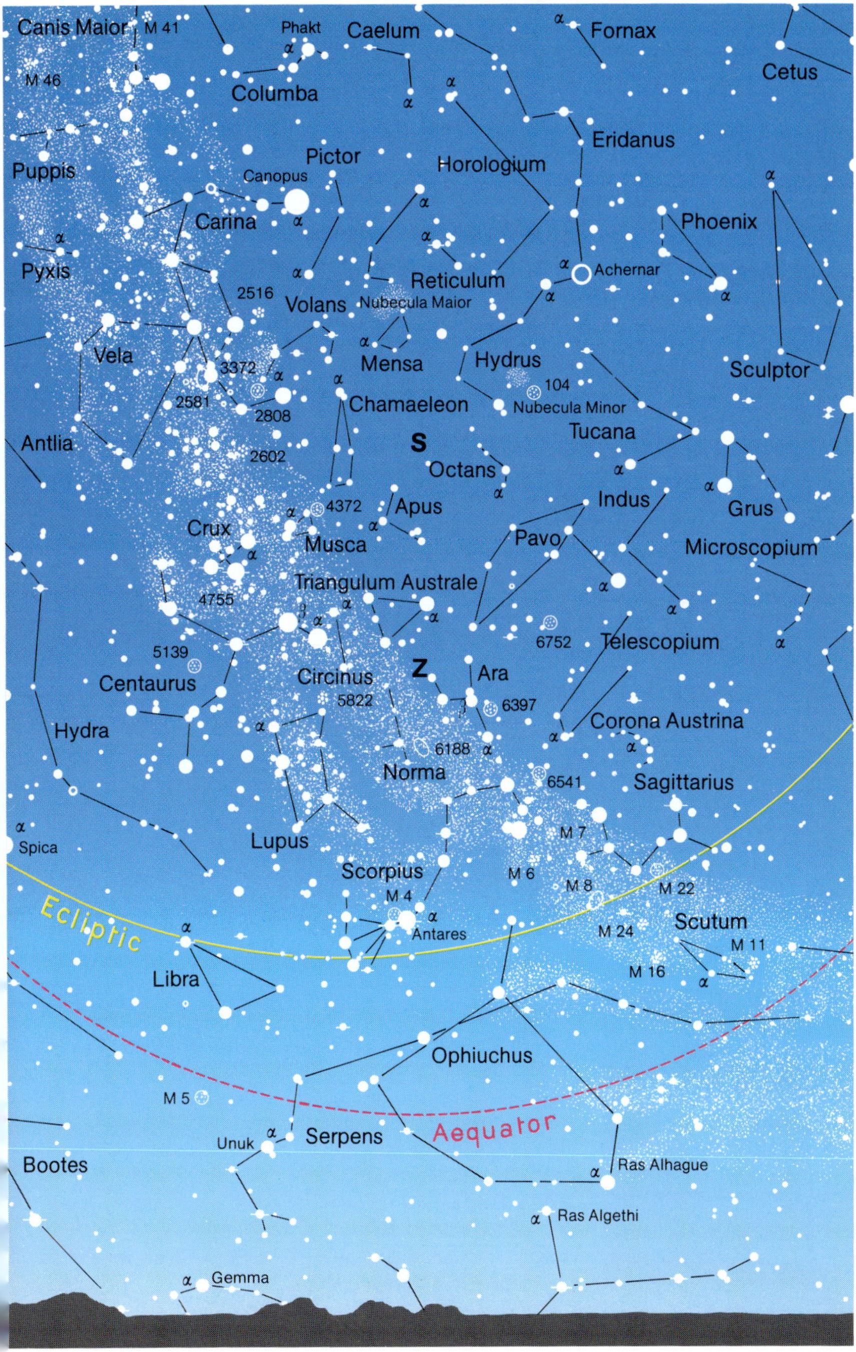

Canis Maior
M 41
M 46
Phakt
Caelum
Fornax
Cetus
Columba
Eridanus
Puppis
Pictor
Canopus
Horologium
Carina
Phoenix
Pyxis
Achernar
Reticulum
2516
Volans
Nubecula Maior
Vela
Mensa
Hydrus
Sculptor
3372
104
2581
2808
Chamaeleon
Nubecula Minor
Antlia
Tucana
S
2602
Octans
Indus
4372
Apus
Grus
Crux
Musca
Pavo
Microscopium
Triangulum Australe
4755
6752
Telescopium
5139
Z
Ara
Centaurus
Circinus
5822
6397
Corona Austrina
Hydra
6188
Norma
6541
Sagittarius
M 7
Spica
Lupus
Scorpius
M 6
M 8
M 22
M 4
Ecliptic
Antares
Scutum
M 24
M 11
Libra
M 16
Ophiuchus
M 5
Aequator
Unuk
Serpens
Bootes
Ras Alhague
Ras Algethi
Gemma

60° Südbreite

(entspricht der geographischen Breite der Südsandwich-Inseln im Südatlantik)

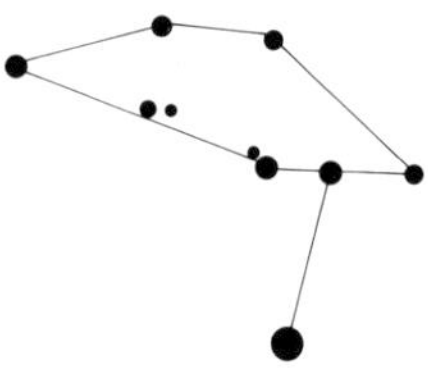

Pfau (Pavo)

kugelförmiger Sternhaufen NGC 104

Der Sternhimmel Anfang Oktober 20 Uhr
Blickrichtung zum nördlichen Horizont

Mitte Oktober um 19 Uhr	Anfang November um 18 Uhr
Mitte November um 17 Uhr	Anfang Dezember um 16 Uhr
Mitte September um 21 Uhr	Anfang September um 22 Uhr
Mitte August um 23 Uhr	Anfang August um 24 Uhr

Anblick des Himmels vom Zenit bis zum Nordhorizont Im Zenit steht das wenig auffällige Sternbild Indus (Indianer). Westlich vom Zenit noch hoch am Himmel die Sternbilder Sagittarius (Schütze) und Scorpius (Skorpion) mit viel Milchstraße. Östlich vom Zenit das Sternbild Grus (Kranich). Daran nach Nordosten anschließend das Sternbild Piscis Austrinus (Südlicher Fisch) mit dem hellen Stern Fomalhaut. Nach Norden die Sternbilder Capricornus (Steinbock) und Aquarius (Wassermann). Vom Sommerdreieck des Nordhimmels ist in dieser geographischen Breite nur noch das Sternbild Aquila (Adler) übriggeblieben, das tief über dem Nordhorizont in »verkehrter Lage« zu sehen ist.

Das ausgewählte Sternbild Pavo (Pfau), ein Sternbild, das zu dieser Zeit in Zenitnähe steht. Der hellste Stern α Pavonis hat die scheinbare Helligkeit 2^m. Im nordwestlichen Teil des Sternbilds befindet sich ein kugelförmiger Sternhaufen, der im Bereich des Feldstechers liegt. Im New General Catalogue (NGC) trägt er die Nummer 6752. Der Beobachter sucht ihn etwa in der Mitte der Verbindungslinie α Pavonis – λ Pavonis.

Objekt für den Feldstecher und das kleine Fernrohr Nahe der Kleinen Magellanschen Wolke (»Nubecula Minor«), die südöstlich vom Zenit hoch am Himmel steht, beobachtet man den zweitgrößten kugelförmigen Sternhaufen des Himmels. Er trägt die Bezeichnung NGC 104 (47 Tucanae). Obwohl in der Nähe der Kleinen Magellanschen Wolke zu sehen, gehört dieser kugelförmige Sternhaufen nicht zu ihr. Die scheinbare Helligkeit des Sternhaufens liegt bei etwa 4^m. Der Beobachter sucht den kugelförmigen Sternhaufen am Westrand der Kleinen Magellanschen Wolke. Der scheinbare Durchmesser dieses kugelförmigen Sternhaufens beträgt 44 Bogenminuten. Für Feldstecher und kleine Fernrohre ist NGC 104 ein dankbares Objekt, das bereits zahlreiche Einzelsterne erkennen läßt.

Milchstraße Westlich vom Zenit spannt der Bogen der Milchstraße von Süd nach Nord. Die wichtigsten Abschnitte der Milchstraße mit Sternwolken und Dunkelwolken sind hier zu sehen.

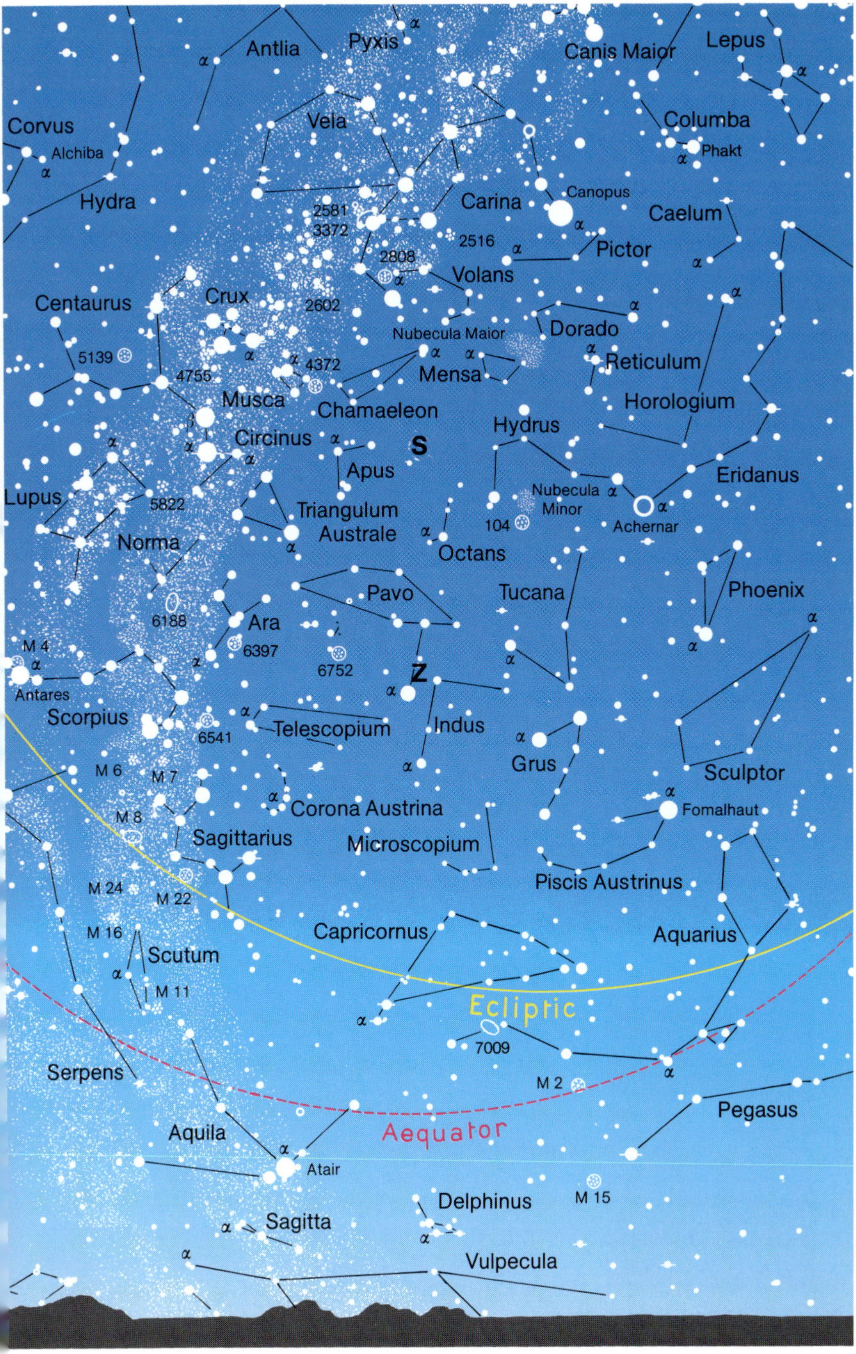

Antlia
Pyxis
Canis Maior
Lepus
Corvus
Alchiba
Vela
Columba
Phakt
Hydra
Canopus
Carina
Caelum
2581
3372
2516
Pictor
2808
Volans
Centaurus
Crux
2602
Dorado
Nubecula Maior
5139
4372
Reticulum
4755
Mensa
Musca
Chamaeleon
Horologium
Hydrus
Circinus
S
Apus
Eridanus
Lupus
5822
Nubecula Minor
Triangulum Australe
104
Achernar
Norma
Octans
Phoenix
Pavo
Tucana
6188
Ara
M 4
6397
6752
Z
Antares
Scorpius
Telescopium
Indus
6541
Grus
Sculptor
M 6
M 7
Fomalhaut
Corona Austrina
M 8
Sagittarius
Microscopium
Piscis Austrinus
M 24
M 22
Capricornus
M 16
Aquarius
Scutum
M 11
Ecliptic
7009
Serpens
M 2
Pegasus
Aquila
Aequator
Atair
M 15
Delphinus
Sagitta
Vulpecula

60° Südbreite

(entspricht der geographischen Breite der Südsandwich-Inseln im Südatlantik)

Phoenix

kugelförmiger Sternhaufen NGC 362

Der Sternhimmel Anfang Dezember 20 Uhr

Blickrichtung zum nördlichen Horizont

Mitte Dezember um 19 Uhr	Anfang Januar um 18 Uhr
Mitte Januar um 17 Uhr	Anfang Februar um 16 Uhr
Mitte November um 21 Uhr	Anfang November um 22 Uhr
Mitte Oktober um 23 Uhr	Anfang Oktober um 24 Uhr

Anblick des Himmels vom Zenit bis zum Nordhorizont Im Zenit das Sternbild Tucana (Tukan). Damit gelangt auch die Kleine Magellansche Wolke in Zenitnähe. Zenitnah ist auch der helle Stern Achernar, der Hauptstern des weitausgedehnten Sternbilds Eridanus. Westlich vom Zenit das Sternbild Grus (Kranich) und darunter der helle Stern Fomalhaut. Nach Norden folgen die Sternbilder Phoenix, Cetus (Walfisch) und Pisces (Fische). Letzteres befindet sich schon sehr dicht am Nordhorizont. Östlich davon das Sternbild Aries (Widder) und westlich das Sternbild Pegasus. Vom Sternbild Andromeda ist nichts mehr zu sehen.

Das ausgewählte Sternbild Das Sternbild Phoenix (Phönix). Angeregt von den Entdeckungsreisen in die Südsee erhielten die Sternbilder des Südhimmels vielfach Namen aus der Tierwelt, besonders Vogelnamen: Tukan, Pfau, Kranich, Paradiesvogel und auch Phönix, der Vogel der antiken Mythologie (»Wundervogel«).

Objekt für den Feldstecher und das kleine Fernrohr Der kugelförmige Sternhaufen NGC 362 ist in unmittelbarer Nähe des Südrandes der Kleinen Magellanschen Wolke (s. Seite 94). Er gehört aber ebensowenig zu diesem extragalaktischen System wie der kugelförmige Sternhaufen NGC 104 (s. Seite 106). Die scheinbare Helligkeit von NGC 362 beträgt 8^m. Im Feldstecher erscheinen Kleine Magellansche Wolke und die beiden Sternhaufen NGC 104 und 362 zusammen im Gesichtsfeld. Während NGC 104 nur 20 000 Lichtjahre von uns entfernt ist, ist die Entfernung von NGC 362 doppelt so weit.

Milchstraße Um die angegebene Beobachtungszeit beschränkt sich die Sichtbarkeit auf einen Bogen zwischen Zenit und Südhorizont, der sich von Ost nach West erstreckt. Die näher am Südpol orientierten Abschnitte der Milchstraße (im Sternbild Crux = Kreuz des Südens beispielsweise) bleiben in dieser geographischen Breite zirkumpolar.

Hinweis In der Zeit von Anfang November bis Anfang Februar gibt es in dieser geographischen Breite »helle Nächte« mit Dämmerung auch noch um Mitternacht.

Hydra
Centaurus
Antlia
5139
Lupus
M 4
Antares
4755
Crux
Pyxis
Vela
5822
Circinus
2581
3372
2602
Scorpius
Norma
Triangulum
Musca
6188
4372
Australe
2808
M 6
Ara
Carina
M 7
6541
6397
Apus
Chamaeleon
2516
Volans
Telescopium
S
Nubecula Maior
Canopus
6752
Octans
Mensa
Pictor
Pavo
Columba
Phakt
Corona
Austrina
Reticulum
104
NGC 362
Dorado
Caelum
Nubecula Minor
Hydrus
Indus
Tucana
Horologium
Z
Microscopium
Achernar
Grus
Capricornus
Fornax
Piscis Austrinus
Phoenix
Fomalhaut
Sculptor
Eridanus
Aquarius
Cetus
Mira
Menkar
Ecliptic
Aequator
Markab
Aries
Pisces
Hamal
Pegasus

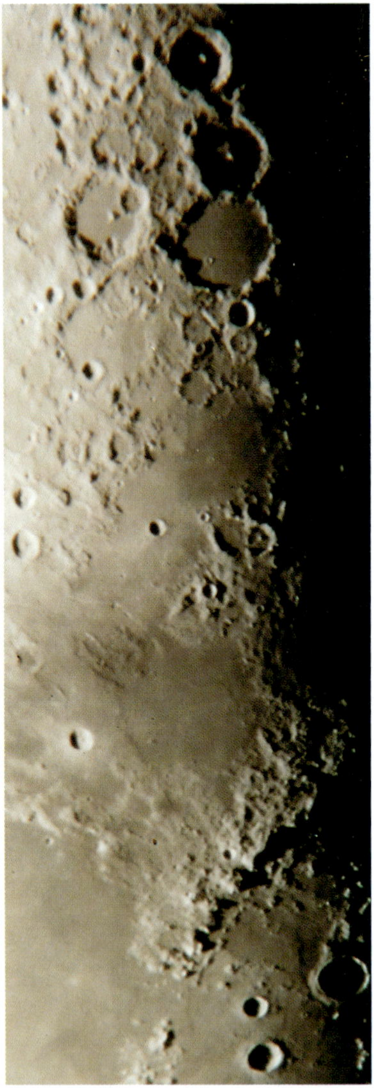

Foto der Mondoberfläche. Technische Daten: Refraktor Vixen Superpolaris FL-102S, Projektion des Mondbildes mit einem Okular f = 12,5 mm auf Kodak Ektar 125. Belichtungszeit 2 Sekunden. Äquivalentbrennweite 6 m (der Mond hat auf dem Negativ einen Durchmesser von ca. 60 mm).

Interessante Himmelsobjekte

Beobachtung von Sonne, Mond und Planeten

Diese und andere Beobachtungsobjekte (z. B. Kometen, s. unten) unseres Sonnensystems sind für den Sternfreund auch sehr reizvoll. Um sich hier über die Beobachtungsmöglichkeiten und -zeiten zu unterrichten, ist es notwendig, einen astronomischen Kalender und eine astronomische Zeitschrift zu Rate zu ziehen. Der Leser findet für beides Hinweise auf Seite 125.

Die Bewegungen dieser Objekte, z. B. Planeten, am Himmel lassen sich gut mit bloßen Augen und dem Feldstecher verfolgen. Wer Einzelheiten sehen will, muß vergrößern, und das mit Hilfe wenigstens eines kleinen Refraktors tun (»Vierzöller«, s. Seite 111). Dabei lohnen auch fotografische Versuche. Ein Beispiel ist das nebenstehende Mondfoto.

Interessant sind Sonnen- und Mondfinsternisse. Bei der Sonnenfinsternis erfolgt eine teilweise (partielle) oder vollständige (totale) Bedeckung der Sonne durch den zwischen Erde und Sonne stehenden Mond, bei der Mondfinsternis die Bedeckung des Mondes durch die zwischen Sonne und Mond stehende Erde. Über Termine informieren die astronomischen Jahrbücher (s. Seite 125).

Von den Planeten bietet Jupiter die meisten Einzelheiten. Neben den Bewegungen der 4 hellen Monde zeigt der kleine Refraktor die wichtigsten dunklen und hellen Strukturen der Jupiteratmosphäre (»Bänder« und »Zonen«). Der Planet Venus läßt

Phasen erkennen und der Planet Saturn seinen berühmten Ring. Mehr Informationen im Taschenbuch »Planeten beobachten« (s. Seite 124).
Die hellen Kometen Hyakutake (Frühjahr 1996) und Hale-Bopp (Frühjahr 1997; s. Foto Seite 112) haben die Aufmerksamkeit auf diese interessanten Objekte unseres Sonnensystems gelenkt. Bereits mit leistungsfähigen Ferngläsern (s. S. 13) kann man Kometen entdecken und beobachten. Anleitungen für Beobachtungen im Taschenbuch »Kometen beobachten« (s. S. 124). Kometen werden seit 1995 wie folgt gekennzeichnet: Beispiel Komet C/1995 O1 Hale-Bopp. Der erste Buchstabe kennzeichnet die Umlaufszeit (P = bis 200 Jahre, C = größer als 200 Jahre); es folgen das Jahr der Entdeckung, ein Großbuchstabe für den Halbmonat der Entdeckung (A = 1. Januarhälfte usw.) und eine arabische Ziffer, die die Reihenfolge der Entdeckungen im betreffenden Halbmonat angibt. Im Beispiel: O = 2. Julihälfte, 1 = erste Entdeckung.

Dieses 10zöllige Newton-Spiegelteleskop von Meade (Spiegeldurchmesser 250 mm, Brennweite 1500 mm) zählt schon zu den großen Amateurfernrohren. Der Okulareinblick befindet sich fast in Augenhöhe des Beobachters am oberen Rohrende. Ist das Rohr drehbar gelagert, kann der Beobachter den bequemsten Einblick wählen.

Beispiel für einen leistungsstarken und noch transportablen Refraktor: Vixen Superpolaris FL-102S mit 102 mm Objektivöffnung und 918 mm Brennweite. Gut geeignet auch für Astrofotografie.

Die Milchstraße

Das funkelnde Sternenband der Milchstraße ist für jeden Naturfreund eine faszinierende Erscheinung am Himmel. Hat sich das Auge des Beobachters erst richtig an die Dunkelheit gewöhnt (in der Regel dauert das mindestens eine halbe Stunde!), ist die Milchstraße auch ohne Fernrohr ein einprägsames Objekt. An verschiedenen Stellen in diesem Buch wird auf Zeiten guter Sichtbarkeit aufmerksam gemacht (s. Sternkarten ab Seite 38).

Die Milchstraße erscheint als Band, das den Himmel als Großkreis umspannt. Besonders schön ist das zu beobachten, wenn der Nordpol der Milchstraße im Zenit steht. Das ist Anfang April um Mitternacht in 27° nördlicher Breite (z.B. Kanarische Inseln) der Fall. Die Milchstraße ist dann entlang des ganzen Horizonts zu sehen. Entsprechendes gilt für 27° südlicher Breite (z.B. Johannesburg) Anfang Oktober um Mitternacht. Gleiche Beobachtungsmöglichkeit im folgenden Monat 2 Stunden früher.

Die Milchstraße ist das Sternsystem, dem auch unsere Sonne mit den Planeten angehört. So wie die Planeten um die Sonne kreisen, beschreiben die Sterne der Milchstraße (in der Fachsprache Galaxie) Bahnen um einen gemeinsamen Masseschwerpunkt. Rund 200 Milliarden

Unten: Komet C/1995 O1 Hale-Bopp am 8. April 1997, 22^{h}30 MESZ; aufgenommen auf Ektacolor Pro Gold 1000 mit einer Kleinbildkamera 1:1,5; belichtet 20 Sekunden.

Foto rechts: Milchstraße im Sternbild Schütze. Rechts oben im Bild der Lagunen-Nebel (M 8), s. Karte Seite 81. Links am Rand der offene Sternhaufen M 23.

Sterne sind in unserer Galaxie vereint. Zur Milchstraße gehören nicht nur die vielen Sterne. In den Sternfeldern entdeckt der aufmerksame Beobachter schon mit Hilfe eines Feldstechers Sternhaufen, Gas- und Staubnebel und Dunkelwolken. Letztere sind Ansammlungen von Gas und Staubmaterie, die unregelmäßig angeordnet sind. Zum Teil absorbieren sie das Licht der Sterne und geben so der Milchstraße die ungleichförmige Gestalt.

Fotos Mit die strukturreichsten und hellsten Stellen der Milchstraße findet der Sternfreund im Sternbild Sagittarius (Schütze). Das Foto auf Seite 113 vermittelt einen Eindruck von der Vielfalt der Einzelheiten, die der Beobachter fast mühelos zu sehen bekommt.

Wie andere Galaxien (Milchstraßensysteme) aussehen, demonstrieren die Fotos auf Seite 122 und 123.

Beobachtungsinstrumente Die binokulare Beobachtung, also z. B. mit einem Feldstecher, macht die Milchstraßenbeobachtung besonders genußreich. Vor allem lichtstarke Feldstecher 11 × 80 bis 14 × 100 (s. Seite 13) sind sehr empfehlenswert. Die freihändige Beobachtung damit ist nicht ratsam. Der Beobachter ermüdet schnell, wenn er den nicht ganz leichten Feldstecher ohne Stütze halten muß. Einfache Stative, auf die der Feldstecher geklemmt oder geschraubt wird, geben viel besser Halt.

Astronomische Fernrohre sind in den allermeisten Fällen für den monokularen Gebrauch eingerichtet. Bei der Beobachtung der Milchstraße kommt es – sieht man von der Beobachtung bestimmter Objekte (s. Seite 116) ab – nicht auf eine hohe Vergrößerung an. Für die von Sternfreunden benützten Fernrohre zwischen 3 und 10 Zoll Öffnung sind Vergrößerungen zwischen 20- und 50fach gerade richtig. Viel Vergnügen bereiten sogenannte Weitwinkelokulare, weil das überschaubare Gesichtsfeld spürbar größer wird.

Offene Sternhaufen

An vielen Stellen am Himmel, bevorzugt im Bereich der Milchstraße, können wir offene Sternhaufen wahrnehmen. Wie nach dem Namen zu schließen ist, handelt es sich dabei um verhältnismäßig lockere Sternansammlungen. Es gibt offene Sternhaufen, die nur aus ein paar Sternen bestehen. Andere wieder zählen gleich ein paar hundert Sterne. Nicht jeder offene Sternhaufen ist für den ungeübten Beobachter gleich erkennbar. Vor allem dort, wo die Sterne schon sowieso dicht stehen, also in der Milchstraße, muß man genau hinschauen. Es ist interessant zu wissen, daß die offenen Sternhaufen im Kosmos zu den jungen Sternsystemen gehören. Jung heißt im Mittel 300 Millionen Jahre alt. Die oft beobachtete Nähe offener Sternhaufen zu Gasnebeln legt Beziehungen zur Sternentstehung nahe. Astronomen schätzen die Gesamtzahl aller offenen Sternhaufen in der Milchstraße auf rund 20 000.

Foto Das Foto oben rechts zeigt den berühmten Doppel-Sternhaufen h und χ Persei (Sternbild Perseus, s. auch bei Beobachtungshinweise auf Seite 48). Berühmt vor allem deshalb, weil diese beiden nahe beieinanderliegenden Sternhaufen »Schulbeispiele« sind. Bereits ohne optische

Doppel-Sternhaufen h und χ Persei.

Hilfsmittel erkennt man sie vor dem Hintergrund der Milchstraße.

Beobachtungsinstrumente Zum Auffinden offener Sternhaufen sind Feldstecher und Fernrohre mit nicht zu hoher Vergrößerung am besten geeignet. Besonders Objekte, die aus wenigen Sternen bestehen und offen angeordnet sind, nimmt der Beobachter mit geringer Vergrößerung besser wahr.

▷ Offene Sternhaufen eignen sich für astrofotografische Versuche. Voraussetzung dafür ist eine parallaktische Montierung, mit deren Hilfe der Fotoapparat der scheinbaren Bewegung der Sterne nachgeführt werden kann (s. Seite 111). Aufnahmen in der Qualität des oben abgebildeten Fotos gewinnt man z. B. schon mit einem 6zölligen Newton-Spiegelteleskop (6 Zoll = 150 mm Öffnung) und einem Öffnungsverhältnis zwischen 1:5 und 1:6 und einer Belichtungszeit von etwa 30 Minuten. Die Bedeutung der digitalen Astrofotografie (CCD-Kamera) nimmt dabei stetig zu (s. Literatur Seite 124).

Schöne offene Sternhaufen sind:

Plejaden (M 45) s. Karte Seite 39,
Hyaden s. Karte Seite 39,
Praesepe (M 44) s. Karte Seite 53,
M 24 s. Karte Seite 81,
NGC 2516 s. Karte Seite 101,
NGC 5822 s. Karte Seite 79,
M 41 s. Karte Seite 63.

Kugelsternhaufen

Hier handelt es sich um Sternsysteme, die kugelsymmetrisch angeordnet sind, und in deren Mitte die Sterne sehr dicht stehen. In der Regel sind deshalb Kugelsternhaufen auch nicht so einfach zu beobachten wie die offenen Sternhaufen. Selbst mit größeren Fernrohren ist es nicht möglich, das Zentrum eines Kugelsternhaufens in Einzelsterne aufzulösen. Deshalb wissen die Astronomen auch nie ganz genau, wieviele Einzelsterne in einem Kugelsternhaufen sind. Mit Hilfe fotometrischer Messungen erlauben sich Rückschlüsse für Schätzungen. Und dabei kommt man zu ganz erstaunlichen Zahlen: 100 000 bis 5 Millionen Sterne in einem einzigen Kugelsternhaufen. Der bekannte Kugelsternhaufen M 13 im Sternbild Herkules (s. Seite 56) soll aus 500 000 Sternen bestehen. Kugelsternhaufen unterscheiden sich auch in ihrem Alter von den offenen Sternhaufen. Sie müssen in einer sehr frühen Entwicklungsphase unserer Milchstraße entstanden sein. Das Alter von Kugelsternhaufen wird auf über 10 Milliarden Jahre geschätzt.

Foto Das Foto unten zeigt den Kugelsternhaufen NGC 5139, der auch unter der Bezeichnung ω Centauri

Omega Centauri, ein kugelförmiger Sternhaufen.

(Sternbild Centaurus, s. Seite 78) bekannt ist. Dieser Kugelsternhaufen gilt als einer der ausgedehntesten am Himmel. Scheinbarer Durchmesser etwa wie der scheinbare Durchmesser des Vollmondes!

Beobachtungsinstrumente Zum Aufsuchen eines Kugelsternhaufens am Himmel verwendet der Beobachter zunächst einmal eine schwache Vergrößerung. Der Kugelsternhaufen verrät sich als »Nebelsternchen«. Einzelne Objekte zeigen bei geringer Vergrößerung auch schon Sterne am Rand. Meistens ist es aber so, daß der Sternfreund, will er wenigstens Einzelsterne in den Randzonen eines Kugelsternhaufens sehen, im nächsten Schritt zur starken Vergrößerung greifen muß (100- bis 200fach).

▷ Wer einen fotografischen Versuch wagt, sollte das mit einem Fernrohr nicht zu kurzer Brennweite tun. Empfehlenswerte Brennweiten 150 bis 200 cm (z. B. apochromatischer Refraktor 4 bis 6 Zoll, Newton 10 Zoll oder Schmidt-Cassegrain 8 Zoll). Genaue Fotografieranweisung bietet Sterne und Weltraum Basics 3 »Astrofotografie« für Spiegelreflex, Digital, WebCam und Video (s. Seite 124).

Kugelsternhaufen, die auch im kleinen Fernrohr Sterne am Rand erkennen lassen, sind u. a.:

M 4 s. Karte Seite 57,
M 13 s. Karte Seite 57,
Omega Centauri s. Karte Seite 79,
NGC 104 s. Karte Seite 107,
M 22 s. Karte Seite 93,
M 15 s. Karte Seite 95.

Galaktische Gas- und Staubnebel

Astrophysiker haben in der Mitte unseres Jahrhunderts herausbekommen, daß der Raum zwischen den Sternen unserer Galaxie nicht leer ist. Vielmehr gibt es sogenannte interstellare Materie in Form von Gas- und Staubwolken, die vor allem die Mittelebene unseres Milchstraßensystems ausfüllt. Sichtbar werden diese Gas- und Staubwolken dann, wenn ein seitlich von einer solchen Wolke befindlicher Stern diese anstrahlt (»Reflexionsnebel«) oder wenn ein außerordentlich heißer Stern das Gas zum Leuchten anregt (»Emissionsnebel«). Das Aussehen dieser Nebel ist ausgesprochen unregelmäßig (»chaotisch«). Ihre Ausdehnung im Weltraum ist ebenfalls recht verschieden. Es gibt galaktische Gasnebel, wie z. B. den Nordamerika-Nebel (s. Seite 58), die eine Ausdehnung von über 100 Lichtjahren (!) erreichen. Genauso treten Gasnebel auf, die »nur« eine Umhüllung eines Sterns darstellen.

Die interstellare Materie in Form von Gas- und Staubwolken absorbiert das Licht der hinter ihnen stehenden Sterne. Das machen auffällige Dunkelwolken in der Milchstraße recht anschaulich. Der aufmerksame Beobachter sieht immer wieder »schwarze Löcher im Himmel« mit wenigen oder gar keinen Sternen. Bekannte Beispiele sind der »Dunkelnebel Barnard« im Sternbild Aquila (Adler) nahe dem Stern γ Aquilae und am Südhimmel Dunkelwolken im Sternbild Musca (Fliege). Schon mit bloßen Augen nimmt man Dunkelwolken im Verlauf der Milchstraße wahr.

Fotos Das Foto unten zeigt den Tarantel-Nebel (NGC 2070, s. auch Seite 86), einen hellen Emissionsnebel in der Großen Magellanschen Wolke, die ein beherrschendes Sternsystem des Südhimmels ist. Die rote Färbung weist auf Wasserstoff-Strahlung hin.

Das Foto rechts oben stellt den Rosetta-Nebel (NGC 2237–39) im Sternbild Monoceros (Einhorn) dar. Auch er ist ein Emissionsnebel, in dessen südlichen Teil der offene Sternhaufen NGC 2244 eingelagert ist. Nach Ansicht der Wissenschaftler haben wir es mit einem Gebiet zu tun, in dem Sterne geboren werden.

Das Foto rechts unten zeigt den Orion-Nebel (M 42), aufgenommen mit einer Plaubel Makina 67 auf Ektachrome 400. Belichtungszeit 10 Minuten. Leitfernrohr Zeiss-Telemator 63/840.

Beobachtungsinstrumente Die farbigen Fotos galaktischer Gasnebel vermitteln leicht den falschen Eindruck, wenn der Beobachter darangeht, diese Objekte mit seinem Fernrohr aufzusuchen. Die visuelle Beobachtung bringt auf jeden Fall keine Farben. Die helleren Objekte sind trotzdem im Fernrohr sehr starke Erscheinungen, vor allem bei Beobachtung in wirklich dunklen Näch-

Der Emissionsnebel NGC 2070, auch als Tarantel-Nebel bekannt.

Rosetta-Nebel im Sternbild Monoceros (Einhorn).

ten bei völliger Dunkelanpassung der Augen. Beispiel ist der Orion-Nebel unterhalb der 3 Gürtelsterne des Sternbilds Orion (s. Seite 50). Hier lohnt sich der Einsatz eines 4- bis 8zölligen Fernrohrs (100 mm bis 200 mm Öffnung) und Vergrößerungen zwischen 50- und 70fach (möglichst mit Weitwinkel-Okularen). Bei Gasnebeln spielt die Öffnung des Fernrohrs schon eine besondere Rolle. Der Verfasser beobachtet z. B. den Orion-Nebel (M 42) mit einem 6zölligen Refraktor binokular und 69facher Vergrößerung. Der Eindruck ist überwältigend! Hier empfiehlt sich auch ein kompaktes Dobson-Spiegelteleskop.

Orion-Nebel, aufgenommen mit einer 6 × 7 Mittelformat-Kamera.

Helle galaktische Gasnebel sind u. a.:

Orion-Nebel (M 42)
s. Karte Seite 51,
Tarantel-Nebel (NGC 2070)
s. Karte Seite 87,
Lagunen-Nebel (M 8)
s. Karte Seite 81,
Trifid-Nebel (M 20)
s. Karte Seite 81
(in unmittelbarer Nähe
zum Lagunen-Nebel).

Planetarische Nebel

Sie verdanken ihre Bezeichnung ihrem kreis- oder ringförmigen Aussehen. Sie erscheinen im Fernrohr, vor allem in kleineren und bei schwacher Vergrößerung, wie »Planeten« als scharf begrenzte Scheibchen. Dabei haben sie mit den Planeten überhaupt nichts zu tun. Vielmehr sind es kugelförmige Gashüllen, die einen heißen Stern umschließen. Im Vergleich zu den »chaotischen« Gasnebeln sind sie verhältnismäßig symmetrisch. Man nimmt an, daß die Gashülle der Rest eines Nova-Ausbruchs ist, bei dem der Stern äußere Schichten seiner Atmosphäre abgestoßen hat (Nova = neuer Stern). Planetarische Nebel erreichen scheinbare Durchmesser bis zu 15 Bogenminuten. Das Leuchten der Gashülle wird durch die Ultraviolettstrahlung des Zentralsterns ausgelöst.

Planetarischer Nebel NGC 6826 im Sternbild Cygnus (Schwan).

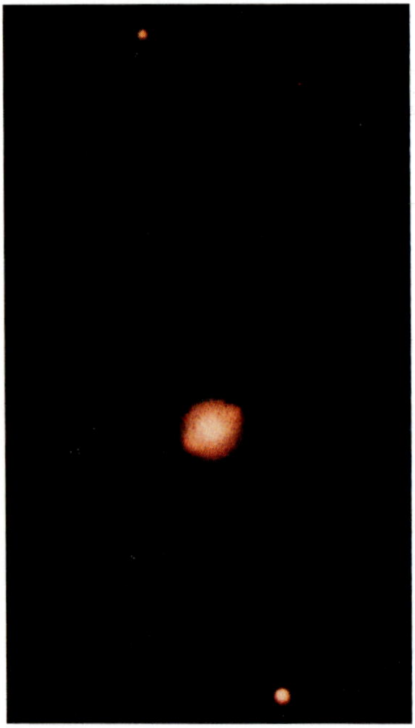

Fotos Das Foto links unten zeigt den planetarischen Nebel NGC 6826 im Sternbild Cygnus (Schwan). An diesem Beispiel kann man erkennen, wie viele planetarische Nebel im kleinen Fernrohr bei schwacher Vergrößerung aussehen.
Das Foto rechts oben stellt den Sonnenblumen-Nebel genannten planetarischen Nebel NGC 7293 im Sternbild Aquarius (Wassermann) dar. Dieser Nebel hat den bemerkenswerten scheinbaren Durchmesser von 15 Bogenminuten, das entspricht dem halben scheinbaren Durchmesser des Vollmondes. Trotzdem ist das Objekt am Himmel nicht besonders auffällig.
Beobachtungsinstrumente Planetarische Nebel gehören zu den schwierigen Beobachtungsobjekten. Im Feldstecher erscheinen sie meist sehr sternähnlich. Es bedarf also eines Fernrohrs mit stärkerer Vergrößerung, um etwas von der typischen Struktur eines planetarischen Nebels

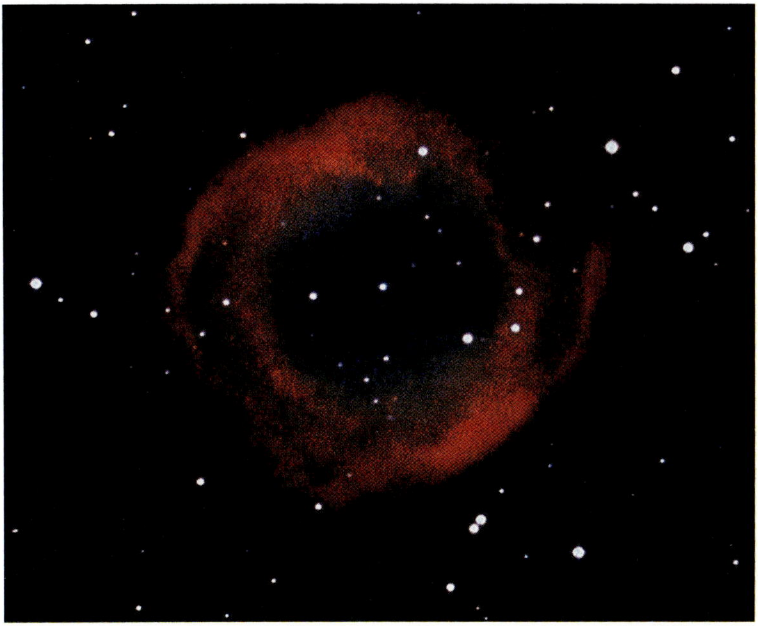

Sonnenblumen-Nebel im Sternbild Aquarius (Wassermann).

zu erkennen, also in erster Linie den »Ring« der Gashülle und den Zentralstern. Fernrohre mit 200 mm Öffnung und Vergrößerungen zwischen 100- und 200fach versprechen bei den helleren planetarischen Nebeln einigen Erfolg. Liegt die Optik wesentlich darunter, muß sich der Beobachter mit dem Eindruck eines »fahlen Scheibchens« begnügen. Wie übrigens bei anderen Nebelobjekten auch, bringt erst die Fotografie die Struktur des Nebels zum Vorschein. Aber für Aufnahmen von planetarischen Nebeln ist der optische Aufwand recht groß.

Karten zum Aufsuchen der bekannteren Objekte findet der interessierte Leser im BLV Buch »Sterne und Planeten erkennen und beobachten«.

Extragalaktische Nebel

Astronomen bezeichnen damit alle Himmelsobjekte außerhalb unseres Milchstraßensystems, unserer Galaxie. Hauptsächlich sind damit dann andere Galaxien (Milchstraßensysteme) gemeint. Die Erforschung extragalaktischer Nebel oder, wie sie auch wegen einer typischen Form genannt werden, Spiralnebel bekam in der ersten Hälfte unseres Jahrhunderts großen Auftrieb. Damals gelang Edward Hubble die Auflösung der Randpartien des berühmten Andromeda-Nebels (s. Foto Seite 122) in Einzelsterne (1926) und Walter Baade 18 Jahre später auch die Auflösung des Kerns in einzelne Sterne. Die Forschung zeigte verhältnismäßig schnell, daß die sogenannten

Andromeda-Nebel (M31). Das kleine Teleskop zeigt visuell nur die langgestreckte Form und die Verdichtung zur Mitte.

Foto rechts: Am Südhimmel ein faszinierendes Objekt: die Große Magellansche Wolke, am Himmel in nur etwa 20° Abstand von der Kleinen Magellanschen Wolke. Die Große Magellansche Wolke ist von uns 180 000 Lichtjahre entfernt. Der auf Seite 118 groß abgebildete Tarantel-Nebel erscheint recht auffällig unten im Bild.

Spiralnebel eigenständige Sternsysteme sind.

Fotos Das Foto rechts zeigt die Große Magellansche Wolke, am Südhimmel ein faszinierendes Beobachtungsobjekt (s. Seite 86). Dieses extragalaktische System (ebenso wie die Kleine Magellansche Wolke) ist wegen seiner Nähe zu unserer Galaxie so interessant. Die von der Milchstraße her bekannten Objekte hat man auch dort beobachtet: veränderliche Sterne, offene und kugelförmige Sternhaufen, planetarische Nebel, Gasnebel, Dunkelwolken.

Das Foto unten zeigt eine typische Spiralgalaxie (M 51). Das Sternsystem wurde schon im Jahr 1773 entdeckt. Die Rotationsachse zeigt in unsere Richtung, und wir sehen das Bild des typischen Spiralnebels.

Galaxie M 51 mit deutlicher »Spirale«.

Auch der berühmte Andromeda-Nebel, der auf dem Foto Seite 122 oben abgebildet ist, ist das Musterbeispiel für eine »normale Spiralgalaxie«.

Beobachtungsinstrumente Visuelle Beobachtungen extragalaktischer Nebel verlaufen zunächst etwas enttäuschend. Wohl findet man in einer dunklen Nacht mit Hilfe eines lichtstarken Feldstechers oder Fernrohrs das eine oder andere Objekt. Aber der Beobachter muß sich mit einem verwaschenen Fleckchen am Himmel zufriedengeben. Selbst der Andromeda-Nebel bietet dazu nur noch die ausgeprägte längliche

Form. Für »deep-sky-Beobachtungen« eignen sich nur mondscheinlose Nächte! Wer Glück hat, sieht bei einem Objekt wie M51 etwas von den Spiralarmen angedeutet. Einzige Ausnahme: die beiden Magellanschen Wolken. Aber dafür muß der Beobachter erst eimal nach Afrika oder Südamerika reisen. Etwas bessere Ergebnisse erzielt man beim Arbeiten mit fotografischer Ausrüstung. Am Objekt Andromeda-Nebel sind Versuche bereits mit der Kleinbildkamera erfolgversprechend.

Einige hellere Galaxien:

Andromeda-Nebel (M31)
s. Karte Seite 61,
Triangulum-Nebel (M33)
s. Karte Seite 61,
Kleine Magellansche Wolke
s. Karte Seite 95,
Große Magellansche Wolke
s. Karte Seite 87.

Literatur für Sternfreunde und Adressen

Garlick, M. A.: Wissen neu erleben – Astronomie. BLV Buchverlag GmbH, München 2005.

Anleitungen für Beobachtungen

Astrofotografie. Sterne und Weltraum Basics 3. Spektrum der Wissenschaft Verlagsgesellschaft mbH, Heidelberg 2004.

Astronomie für Alle. Einführung in die Himmelsbeobachtung. Verlag Sterne und Weltraum, Heidelberg 2002. Reihe Basics, Heft 1.

Harrington, P. S.: Sonnen- und Mondfinsternisse beobachten. Spektrum Akademischer Verlag, Heidelberg 2002. Reihe Astro Praxis Sterne und Weltraum.

Kammerer, A. und M. Kretlow (Herausgeber): Kometen beobachten. Spektrum Akademischer Verlag, Heidelberg 1998. Reihe Astro Praxis Sterne und Weltraum.

Koch, B. (Herausgeber): Handbuch der Astrofotografie. Springer-Verlag, Berlin, Heidelberg, New York 1995.

Reinsch, K., Beck, R., Hilbrecht, H., Völker, P. (Herausgeber): Die Sonne beobachten. Spektrum Akademischer Verlag, Heidelberg 1999. Reihe Astro Praxis Sterne und Weltraum.

North G.: Den Mond beobachten. Spektrum Akademischer Verlag, Heidelberg 2003. Reihe Astro Praxis Sterne und Weltraum.

Ridpath, J.: Der große BLV Himmelsführer. BLV Verlagsgesellschaft, München 1999.

Roth, G. D. (Herausgeber): Handbuch für Sternfreunde – Wegweiser für die praktische astronomische Arbeit. 2 Bände. Springer-Verlag, Berlin, Heidelberg, New York 1989.

Roth, G. D.: Sterne und Planeten. Mit dem 2-Stufen-Wegweiser leicht und sicher erkennen, BLV Buchverlag GmbH, München 2005.

Roth, G. D. (Herausgeber): Planeten beobachten. Spektrum Akademischer Verlag, Heidelberg 2002. Reihe Astro Praxis Sterne und Weltraum.

Slawik, E. und U. Reichert: Atlas der Sternbilder. Ein astronomischer Wegweiser in Photographien. Spektrum Akademischer Verlag, Heidelberg, Berlin 1998.

Vehrenberg, H.: Mein Messier-Buch. Treugesell-Verlag, Düsseldorf 1966.

Fernrohre und Montierungen

Laux, U.: Astrooptik. Verlag Sterne und Weltraum, Heidelberg 1999. Reihe Astro Praxis Sterne und Weltraum.

Paech, W., Baader, Th.: Tipps und Tricks für Sternfreunde. Spektrum Akademischer Verlag, Heidelberg 2000. Reihe Astro Praxis Sterne und Weltraum.

Trittelvitz, M.: Spiegelfernrohre – selbst gebaut. Spektrum Akademischer Verlag, Heidelberg 2000. Reihe Astro Praxis Sterne und Weltraum.

Astronomiegeschichte

Becker, F.: Geschichte der Astronomie Bibliographisches Institut, Mannheim 1980.

Hamel, J.: Geschichte der Astronomie. Kosmos Verlag, Stuttgart 2002.

Roth, G. D.: Kosmos-Astronomiegeschichte. Astronomen, Instrumente, Entdeckungen. Franckh'sche Verlagshandlung, Stuttgart 1987.

Zeitschriften

»Sterne und Weltraum«, Zeitschrift für Astronomie. Spektrum der Wissenschaft Verlagsgesellschaft mbH, Slevogtstr. 3–5, 69126 Heidelberg (monatlich).

»Die Sterne«, Zeitschrift für alle Gebiete der Himmelskunde. Seit 1997 vereinigt mit »Sterne und Weltraum«.

»Astronomie Heute«, Deutsche Ausgabe von Sky & Telescope. Spektrum der Wissenschaft Verlagsgesellschaft mbH, Slevogtstr. 3–5, 69126 Heidelberg (monatlich).

»Der Sternenbote«, Österreichische Astronomische Monatszeitschrift, Astronomisches Büro, H. Mucke, Hasenwartgasse 32, A-1230 Wien (monatlich).

»Orion«, Zeitschrift der Schweizerischen Astronomischen Gesellschaft, Zentralsekretariat: Sue Kernen, Gristenbühl 13, CH-9315 Neukirch (6 Hefte pro Jahr).

»VdS Journal für Astronomie«, Zeitschrift der Vereinigung der Sternfreunde e. V., Am Tonwerk 6, D-64646 Heppenheim (dreimal jährlich).

Astronomische Jahrbücher für Sternfreunde

Neckel, Th. und Montenbruck, O.: Ahnerts Astronomisches Jahrbuch. Den Himmel beobachten und verstehen. Verlag Sterne und Weltraum, Spektrum der Wissenschaft Verlagsgesellschaft mbH, Heidelberg.

Roth, H.: Der Sternenhimmel. Astronomisches Jahrbuch für Sternfreunde. Kosmos Verlag, Stuttgart.

Keller, H.-U.: Das Himmelsjahr. Die astronomische Jahresvorschau. Kosmos Verlag, Stuttgart.

Anschriften von Organisationen zur Förderung und Pflege der volkstümlichen Himmelskunde

Geschäftsstelle der »Vereinigung der Sternfreunde e. V.«, Am Tonwerk 6, D-64646 Heppenheim.

Zentralsekretariat der »Schweizerischen Astronomischen Gesellschaft«, Sue Kernen, Gristenbühl 13, CH-9315 Neukirch.

Astronomisches Büro, Hermann Mucke, Hasenwartgasse 32, A-1230 Wien.

Bildnachweis

B. Koch: 40, 42, 58, 62, 64, 68, 72, 82, 90, 98, 106, 108
G. D. Roth: 110, 111 o, 111 u, 112, 119 u
J. Rusche, Arbeitsgemeinschaft d. Astrofotografie: 113, 115, 116, 118, 119 o, 120, 121, 122 o, 122 u, 123
E. Slawik: 2/3
H. Vehrenberg: 38, 44, 46, 48, 50, 52, 54, 56, 60, 66, 70, 74, 76, 78, 80, 84, 86, 88, 92, 94, 96, 100, 102, 104

Grafiken: Barbara von Damnitz

Foto auf der Umschlagrückseite:
E. Slawik (Andromeda-Nebel)

Register

Achernar 72, 74, 96, 98
Achsendrehung der Erde 6
Adler 32, 46, 58
Aldebaran 38, 50
Altar 102, 104
Andromeda 48, 60
Andromeda-Nebel 48, 60, 121, 122, 123, 124
Antares 56, 80
Antlia 64
Aquarius 82
Äquatorsternbild 58
Äquatorsterne 6, 30
Aquila 32, 46, 58
Ara 102, 104
Arcturus 54
Astronomische Dämmerung 11
Atair 46, 58
Auriga 38, 48, 50

Bärenhüter 44, 54
Beteigeuze 50
Bienenkorb 52
Bildhauerwerkstatt 72
Bootes 30, 42, 44, 54, 66
Breitenkreis 8
Bürgerliche Dämmerung 11

Camelopardus 38
Cancer 40, 52, 64, 76
Canis Maior 36, 38, 50, 62, 64, 74
Canis Minor 36, 52, 62, 64
Canopus 62, 64, 86, 98
Capella 50
Capricornus 70
Carina 62, 64, 74, 76, 86, 88, 98
Cassiopeia 16, 48
Castor 52
Centaur 22, 54, 66, 90, 92, 104
Centaurus 22, 54, 66, 90, 92, 104
Cepheus 46
Cetus 60, 72, 84
Columba 62, 98
Coma Berenices 66
Corona Austrina 104
Corona Borealis 44, 56
Corvus 42, 66, 78
Crux 22, 66, 76, 78, 88, 90, 102
Cygnus 32, 46, 58

Datumgrenze 10
Deklination 6
Deneb 46, 58
Doppel-Sternhaufen 114, 115
Dorado 98
Drache 46
Draco 46
Dunkelwolken 104

Einhorn 74
Ekliptik 7
Emissionsnebel 98, 117, 118
Erdachse 6
Erdäquator 6
Eridanus 72, 74, 98
Extragalaktische Nebel 121

Feldstecher 13
Fernrohr 13
Fische 72
Fliege 102
Fliegender Fisch 100
Fomalhaut 48, 60, 72, 84, 96
Fuhrmann 38, 48, 50

Galaktische Gasnebel 117
Galaxien 112, 114
Gasnebel 12
Gemini 40, 52, 64
Geminiden 48
Geographische Breite 6, 8
Geographische Länge 6
Giacobiniden 46
Giraffe 38
Gradnetz 6
Greenwich 10
Große Magellansche Wolke 86, 122
Größenklasse 12
Großer Bär 14, 40, 42
Großer Hund 36, 38, 50, 62, 64, 74
Großer Wagen 14, 40, 42
Grus 70, 94, 106
Gürtelsterne des Orion 36

Haar der Berenice 66
Hale-Bopp 112
Hase 62, 76, 98
Helligkeit 12
Hercules 44, 56
Himmelsäquator 8, 30
Himmelsnordpol 14
Himmelspol 8
Himmelssüdpol 22
Himmelswagen 14
Hinterdeck des Schiffes 64, 74, 76, 88
Hundsstern 64
Hundstage 64
Hyaden 38
Hydra 52, 64

IC-Nummer 12
Index-Catalogue 88
Indianer 70, 106
Indus 70, 106
Interstellare Materie 117

Jahreszeiten 7
Jährliche Bewegung der Erde 6
Jakobsstab 36
Jewel Box 90
Jungfrau 30, 42, 66
Jupiter 110

Kleine Magellansche Wolke 94
Kleiner Bär 62
Kleiner Hund 36, 52, 62, 64
Kohlensack 90
Kometen 111
Kompaß 64
Kranich 70, 94, 106
Krebs 40, 52, 64, 76
Kreuz des Nordens 46
Kreuz des Südens 22, 66, 76, 78, 88, 90, 102
Krippe 52
Kugelförmige Sternhaufen 12, 115, 116
Kulmination 9

Längenkreis 8
Large Magellanic Cloud 86
Laurentius-Tränen 44
Leier 32, 44, 56
Leo 30, 40, 42, 64
Lepus 62, 76, 98
Libra 78

Linsenfernrohr 13
Löwe 30, 40, 42, 64
Luftpumpe 64
Lupus 80
Lyra 32, 44, 56
Lyriden 42

Melotte 101 88
Meridian 14
Messier 12
Meteorstrom 40
Microscopium 70
Mikroskop 70
Milchstraße 12, 38, 92, 102, 112
Mira 72
Mitternachtssonne 11
Mond 7, 110
Mondfinsternis 110
Monoceros 74
Musca 102

New General Catalogue 12
Newton-Spiegelteleskop 111
Nord-Süd-Linie 14
Nordamerika-Nebel 58
Nordbreite 14
Nordhemisphäre 6
Nördliche Krone 44, 56
Nordpol 15
Nordpunkt 14
Norma 102
Normalzeiten 10
Nubecula Maior 86
Nubecula Minor 94

Offene Sternhaufen 12, 114
Ophiuchus 44, 56, 68, 80
Orientierung 14
Orion 36, 38, 50, 74
Orion-Nebel 50, 118, 119
Ortszeit 9
Ostpunkt 8, 30

Pavo 96, 106
Pegasus 46, 48, 60, 70
Perseiden 44
Perseus 38, 48
Pfau 96, 106
Phoenix 72, 96, 108
Phönix 108
Pisces 72
Piscis Austrinus 48, 70, 84
Planetarische Nebel 120
Planeten 7, 110
Plejaden 38
Polaris 62
Polarstern 14, 62
Polhöhe 8
Pollux 52
Praesepe 52
Procyon 76
Puppis 64, 74, 76, 88
Pyxis 64

Rabe 42, 66, 78
Radiant 40
Reflektor 13
Reflexionsnebel 116
Refraktor 13, 111
Regulus 40
Rektaszension 6, 9
Rigel 62
Rosetta-Nebel 119

Sagittarius 68, 80
Saturn 110
Saturnnebel 82
Scheinbare tägliche Bewegung 6
Schiffskiel 62, 64, 74, 76, 86 88, 98
Schild 82
Schlange 44, 56
Schlangenträger 44, 56, 68, 80
Schütze 68, 80
Schwan 32, 46, 58
Schwertfisch 98
Scorpius 56, 68, 80
Sculptor 72
Scutum 82
Segel 64, 74, 76, 88
Serpens 44, 56
Siebengestirn 38
Sirius 38, 62, 64, 76
Skorpion 56, 68, 80
Small Magellanic Cloud 94
Sommerdreieck 32, 46
Sommersonnenwende 11
Sommerzeit 10
Sonne 6, 110
Sonnenblumen-Nebel 121
Sonnenfinsternis 110
Sonnensystem 12
Spica 66
Spiegelfernrohr 13
Spiralnebel 12
Staubwolken 117
Steinbock 70
Sternansammlungen 12
Sternbilder 12
Stier 38, 48, 50
Südbreite 22
Südliche Krone 104
Südlicher Fisch 48, 70, 84
Südliches Dreieck 104
Südpol 23
Südpunkt 22

Tarantel-Nebel 98, 118
Taube 62, 98
Taurus 38, 48, 50
Telescopium 96
Tierkreis 6
Tierkreisbild 38
Tierkreislicht 38
Tierkreissternbild 40, 52, 56, 68, 70, 78, 82
Triangulum Australe 104
Tucana 108
Tukan 108

Ursa Maior 14, 40, 42
Ursa Minor 62

Vela 64, 74, 76, 88
Venus 110
Virginiden 40
Virgo 30, 42, 66
Volans 100

Waage 78
Wagensterne 42
Walfisch 60, 72, 84
Wassermann 82
Wasserschlange 52, 64
Wega 44, 58
Weiße Nächte 10
Westpunkt 8, 30
Winkelmaß 102
Wintersechseck 36
Wintersternbilder 40
Wolf 80

Zeit 9
Zenit 8
Zirkumpolarsterne 9
Zodiakallicht 38, 62
Zonenzeit 10
Zwillinge 40, 52, 64

Astronomie für alle

Günter D. Roth
Sterne und Planeten
Der Astro-Klassiker mit dem genial einfachen Suchsystem: anhand von Himmelskarten und Ausschnitten daraus interessante Einzelobjekte finden; Methoden der Himmelserkundung, unser derzeitiges Wissen über Weltall, Sterne und Planeten.
ISBN 3-405-16974-7

Ian Ridpath
Der große BLV Himmelsführer
Überall auf der Welt das ganze Jahr zu nutzen – der reich illustrierte, faktenreiche Himmelsführer für Einsteiger und fortgeschrittene Hobby-Astronomen: alle 88 Sternbilder des Nord- und Südhimmels, Himmelsobjekte, das Sonnensystem mit den Planeten u.v.m.
ISBN 3-405-15496-0

Mark A. Garlick
Wissen neu erleben: Astronomie
Staunen, entdecken, verstehen: Astronomie – so spannend wie ein Krimi; das Sonnensystem, Sterne und Galaxien, Kometen und Schwarze Löcher; mit detaillierten Sternkarten und aktuellen Aufnahmen aus dem All; spektakulären Fotos und Grafiken.
ISBN 3-405-16814-7

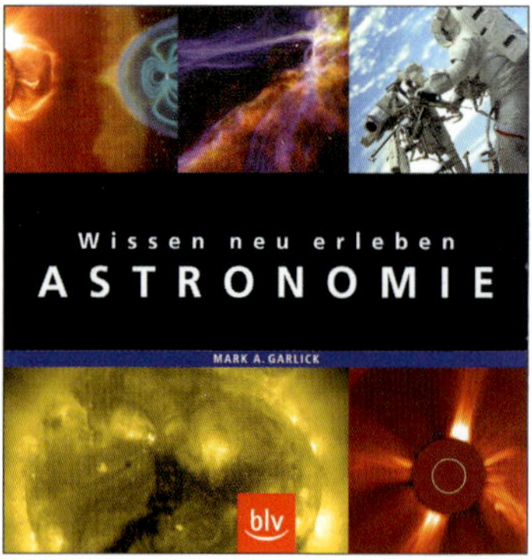

Harald Lutz
Mondfinsternisse · Sonnenfinsternisse · Planetendurchgänge
Das Praxisbuch für den Astro-Fan – Himmelsphänomene erleben: 70 Ereignisse bis zum Jahr 2020, mit Tipps zum Beobachten und Fotografieren.
ISBN 3-405-16854-6

Im BLV Buchverlag finden Sie Bücher zu den Themen: Garten und Zimmerpflanzen • Natur • Heimtiere • Jagd und Angeln • Pferde und Reiten • Sport und Fitness • Wandern und Alpinismus • Essen und Trinken

Ausführliche Informationen erhalten Sie bei:
BLV Buchverlag GmbH & Co. KG
Postfach 40 02 20 • 80702 München
Telefon 089/12705-0 • Fax -543 • www.blv.de